俄罗斯国防产品标准化概览

李旭东 编著

国防工业出版社

·北京·

内容简介

本书主要分析和介绍了俄罗斯国防产品标准化相关的国家战略、政策法规体系、工作运行体系和标准化文件体系，俄罗斯国防产品标准化工作的程序和做法，涵盖了规划计划、标准制定、信息保障、标准实施和对实施的监督等主要任务。

本书的读者对象主要是标准化领域从业人员和对俄罗斯国防产品标准化工作感兴趣的其他人员。

图书在版编目（CIP）数据

俄罗斯国防产品标准化概览 / 李旭东编著. -- 北京：国防工业出版社，2024.7. -- ISBN 978-7-118-13414-8

Ⅰ. F451.264-65

中国国家版本馆CIP数据核字第2024U7C891号

※

国防工业出版社出版发行

（北京市海淀区紫竹院南路23号　邮政编码100048）
北京虎彩文化传播有限公司印刷
新华书店经销

*

开本710×1000　1/16　印张13¼　字数190千字
2024年7月第1版第1次印刷　印数1—1300册　定价98.00元

（本书如有印装错误，我社负责调换）

国防书店：（010）88540777　　书店传真：（010）88540776
发行业务：（010）88540717　　发行传真：（010）88540762

前　　言

标准化作为科学管理的重要方法，在国防和军队现代化建设中发挥着全局性、基础性和牵引性作用，是依法治军的基础性战略支撑，是规范军队各领域建设管理和业务运行的有力抓手。作为国家军民融合战略的一项重要措施，标准化军民融合和资源共享，提升军民标准通用化水平已写入国家标准化法。

俄罗斯实行的是军民一体的国家标准化体系，军民标准在国防产品的层面得到融合和统一。其自成体系、独树一帜的业务发展模式，协调配套、全面系统的政策制度体系，政府主导、军地分管的工作协调机制，组织完善、职责明确的工作运行体系，综合实用、组成复杂的标准化文件体系有很多独特之处。从2003年《技术法规法》颁布以来，俄罗斯标准化发展战略、发展纲要、法律法规，国防产品标准化条例和通用基础国家军用标准持续更新，值得我们跟踪、研究和借鉴。

历史上，我国曾借鉴苏联的标准化工作经验，对于我军的武器装备建设发挥了重要作用。进入新时代，军用标准化工作面临着新的更高要求，政策理论、业务领域和工作机制等都需要创新和拓展，标准化军民融合的深入推进也需要参考和借鉴。因此，系统地了解俄罗斯国防产品标准化工作十分有价值。

本书给出了部分重要名称翻译对照（附录1），受诸多因素限制，书中难免有错误和不妥之处，敬请读者批评指正。

编著者

2024年3月28日

目 录

第一章 俄罗斯国防产品标准化概述 ·· 1
 第一节 国防产品标准化的基本概念 ··· 1
 第二节 国防产品标准化的目标 ··· 3
 第三节 国防产品标准化的原则 ··· 5

第二章 俄罗斯标准化发展纲要和战略 ·· 7
 第一节 国家标准化体系发展纲要 ·· 7
 第二节 俄罗斯标准化战略（2019—2027） ·································· 11
 第三节 俄罗斯标准化战略的特点小结 ··· 17

第三章 俄罗斯国防产品标准化的政策制度 ····································· 19
 第一节 政策制度的历史沿革 ·· 19
 第二节 俄罗斯《技术法规法》 ··· 22
 第三节 俄罗斯《标准化法》 ·· 24
 第四节 国防产品标准化条例（N750） ······································· 25
 第五节 国防产品标准化条例（N822） ······································· 32
 第六节 国防产品标准化条例（N1567） ····································· 39
 第七节 国防产品标准化条例修正案（N1927） ····························· 42
 第八节 国防产品标准化条例的特点小结 ····································· 45

第四章 俄罗斯国防产品标准化工作运行体系 ·································· 47
 第一节 俄罗斯国防部 ··· 47
 第二节 俄罗斯技术法规和计量局 ·· 49
 第三节 国防订购单位 ··· 53
 第四节 国防产品标准化归口单位 ·· 55
 第五节 国防产品标准化信息中心 ·· 57

第六节　国防工业体系内单位……………………………………… 57
　　第七节　法人联合体……………………………………………… 58
　　第八节　国家造船业科研中心…………………………………… 60
　　第九节　国防产品标准化工作运行体系的特点小结…………… 61

第五章　俄罗斯国防产品标准化文件体系………………………………… 63
　　第一节　国家标准化文件类型…………………………………… 63
　　第二节　国防产品标准化文件类型……………………………… 65
　　第三节　国防产品标准化文件补充和更新方式………………… 70
　　第四节　国防产品标准化体系的管理文件组成………………… 72
　　第五节　国防产品标准综合体…………………………………… 74
　　第六节　国防产品标准化文件体系的特点小结………………… 76

第六章　俄罗斯国防产品标准化规划和计划……………………………… 77
　　第一节　标准化规划的制定程序………………………………… 77
　　第二节　标准化规划的编写……………………………………… 87
　　第三节　标准化计划的制定……………………………………… 90
　　第四节　标准化规划和计划的执行情况监督…………………… 104
　　第五节　国防产品标准化规划和计划的特点小结……………… 107

第七章　俄罗斯国家军用标准制修订程序………………………………… 109
　　第一节　国家军用标准制定程序………………………………… 109
　　第二节　国家军用标准更新（更改、复审）和修订程序……… 135
　　第三节　国家军用标准废止程序………………………………… 138
　　第四节　国家军用标准制修订程序的特点小结………………… 139

第八章　俄罗斯国家军用标准结构、表述和编写………………………… 143
　　第一节　标准代号………………………………………………… 143
　　第二节　俄罗斯国家军用标准的组成和要素…………………… 146
　　第三节　国防产品标准化结构、表述和编写的特点小结……… 156

第九章　俄罗斯国防产品标准化文件信息保障和发布程序……………… 159
　　第一节　国防产品标准化文件资源的知识产权归属…………… 159
　　第二节　信息保障工作职责……………………………………… 160

第三节　信息保障工作程序 ·· 161
　　第四节　出版和发行程序 ·· 169
　　第五节　国防产品标准化文件信息保障和发布程序的特点小结 ······ 171

第十章　国防产品标准实施程序 ·· 173
　　第一节　国防产品标准实施计划 ·· 173
　　第二节　国防产品标准实施程序 ·· 175
　　第三节　国防产品标准实施情况统计和报告 ································ 180
　　第四节　国防产品标准实施情况监督 ·· 182
　　第五节　国防产品标准化文件的引用 ·· 185
　　第六节　国防产品标准化文件实施程序的特点小结 ······················ 186

第十一章　俄罗斯国防产品标准化工作的其他事项 ···························· 187
　　第一节　国防产品标准化工作经费 ··· 187
　　第二节　俄罗斯行业标准的转换 ·· 188
　　第三节　保密管理要求 ·· 189

附录1　部分重要名称翻译对照 ·· 191

附录2　术语和定义 ·· 197

参考文献 ·· 203

第一章　俄罗斯国防产品标准化概述

第一节　国防产品标准化的基本概念

俄罗斯国防产品是指按照国防订单来生产和/或供货的产品[1]，是俄罗斯国家所需产品的一部分，由政府或履行政府相关职能的机构进行采购。国家所需产品是指俄罗斯为履行国家和国防订购单位的职责，履行国际义务所需的产品，这些职责和义务包括实施联邦专项计划和国家间专项计划等。根据俄罗斯的《国防订单法》，国防订单是指俄罗斯政府依据法律法规向供应商发出的订购凭据或任务书，涉及商品供货、工程施工以及提供有关服务等[2]。国防订购的主要目的有三个：一是满足俄罗斯保障国防安全的需要，二是满足俄罗斯履行国际义务的需要，三是满足俄罗斯与外国开展军事技术合作的需要。

> **国防产品标准化的历史渊源**
>
> 　　国防产品标准化的概念从苏联时期沿用到俄罗斯时期，在第二次世界大战和冷战时期得到了强化。二战前期，苏联积极生产军民通用产品，在军用标准化的基础上，更加强调统一军用和民用标准化对象。二战结束后，苏联提出国防领域标准要满足国民经济恢复的需求，大力发展军民两用标准。冷战时期，为兼顾军事和民用需求，苏联提出了军队专用物品、军民通用物品和通用工业产品标准化的概念。
>
> 　　20世纪90年代的前两年，俄罗斯提出实行武器和军事装备再利用标准化的必要性和可行性议题。为最大可能地将国防产品生产过程

中耗费的资源用于民用行业,开展了国防产品再利用标准化的特殊性和基本原理研究。[3]

2003年,俄罗斯的《技术法规法》中明确国防产品的标准化规则由联邦政府制定。2005年,俄罗斯政府颁布了《国防产品标准化条例（N750）》,对国防产品标准化工作做出了明确规定。

国防产品的种类主要包括物资对象、科技产品、工作和服务等四个大类。物资对象主要包括供应品、军用资产和建筑物等。科技产品主要是指按照国防订单完成的国防科技活动的成果,例如国防科研和试验工作取得的物质成果、根据战术任务书进行的理论和实验研究取得的成果、编制的规范性文件和专用软件、收集和处理的科技信息等。工作是指按照国防订单进行的活动,其结果有物质方面的体现,例如国防产品制品的技术维护、修理和再利用等。服务是指按照国防订单进行的活动,其结果没有物质方面的体现,例如国防物资对象的运输和储存、培养相应专业的专家、举办展览会、为相关课题提供法律援助等。

从军民属性来看,俄罗斯国防产品既包含了为满足军事需求而生产和供货的军用产品,又包含了同时满足军事和民用需求的军民通用产品。军用产品是依据国防订购单位批准或同意的文件而生产和供货的产品。国防订购单位是执行国家订购职能的联邦政府机构、国家原子能公司和国家航天公司,订购所依据的文件包括国防产品标准化文件。军民通用产品是根据国家标准和承制单位的技术文件而生产和供货的产品。

关于俄罗斯国家原子能公司和国家航天公司

俄罗斯国家原子能公司（Rosatom）成立于2007年,是一家跨军民领域的国有公司。在民用领域,该公司所从事的业务非常广泛,涉及核医学、科学研究、材料科学、超级计算机和软件的生产,以及生产各种核和非核类新型产品。据统计,该公司的核能设备制造厂达900多家,核能服务机构和公司超过500家。作为一个超级核电企业,

> 它是俄罗斯最大的发电公司。
>
> 俄罗斯国家航天公司（Roscosmos）成立于2016年，该公司由俄罗斯航天局与联合火箭航天公司合并组建。公司的最早前身是1992年成立的俄罗斯宇航局，之后曾更名为俄罗斯航空航天局、俄罗斯航天局，2015年在政府机构改组过程中转为国有公司。公司拥有原俄罗斯航天局职责，同时拥有联合火箭航天公司及其下属企业，联合火箭航天公司几乎囊括了俄罗斯航天领域内的所有企业、设计局与科研单位。

国防产品标准化是俄罗斯独有的一个概念，是从产品的角度出发，对标准化的范围进行界定，这些产品主要是国家政府采购的产品。国防产品标准化是针对国防产品开展的标准化活动，其特殊性主要体现在为满足国防产品的作战需求和高可靠性提供支撑，国防产品标准化体系是由国防产品标准化工作参与单位、国防产品标准化文件以及国防产品标准化实施工作三个部分组成的。

国防产品标准化工作参与单位主要包括国防产品标准订购单位、标准化归口单位、标准化基层单位和国防产品标准化信息中心等。其工作职责和定位见附录2。

第二节 国防产品标准化的目标

俄罗斯国防产品标准化的核心目标是保障国家和国防安全，不同时期，国防产品标准化的工作目标也在不断地发展变化。

2005年制定的《国防产品标准化条例（N750）》提出了国防产品标准化工作的目标包括六个方面，分别是：提高俄罗斯的国防能力和国防安全；促进科学技术进步；提高国防产品和联邦产品的质量、竞争力和安全性；有效利用国防产品和联邦产品的生产资金，优化财政和物资支出；提高国防产品和联邦产品的组件、配套产品及材料的兼容性和可替代性,优化其产品目录;提高研究(试验)结果的可比性和测量的一致性。[4]

2009年制定的《国防产品标准化条例(N822)》中,增加了统一国防产品标准化领域的技术政策,为了国家的国防和安全,提升工业技术能力和动员准备等目标,将促进科学技术进步的措施具体化为:有效利用国防产品的生产方式和国防产品研制方面取得的科技进步成果。同时,将"有效利用国防产品和联邦产品的生产资金,优化财政和物资支出"细化为:"提高国防产品技术和材料的能源效率,降低国防产品的研制、生产、保有和处置成本,以及国防产品的研制时间"。

工作目标从六个方面扩展到九个方面,即:统一国防产品标准化领域的技术政策;提高俄罗斯必要的国防能力和安全水平;提高国防产品的质量、竞争力和安全性;降低国防产品的研制、生产、保有和处置成本,以及国防产品的研制时间;提高国防产品和联邦产品的组件、配套产品及材料的兼容性和互换性,并完善优选目录;为了国家的国防和安全,增加工业技术能力和动员准备;有效利用国防产品的生产方式和国防产品研制方面取得的科技进步成果;提高国防产品技术和材料的能源效率;提高研究(试验)结果的可比性和测量的一致性。[5]

2016年制定的《国防产品标准化条例(N1567)》将国防产品标准化的目标缩减到四个方面:一是保证国防和国家安全;二是保障在军工系统中技术政策统一和实施联邦法律《关于俄罗斯工业制度》的规定;三是保证国防产品的质量、可靠性及其竞争能力;四是通过标准化措施协助军事技术创新发展、技术更新和国防工业体系单位的升级改造。

《国防产品标准化条例(N1567)》规定了目标的实现方法:一是使用先进技术的标准化方法,确保在国防产品研发和生产过程中有效利用国防产品生产方法、达到科技进步;二是国防产品目录的优化和统一,保证其兼容性和互换性,缩短建设周期和降低投入、使用和回收费用;三是保证测量统一,在完成国防订购,使用国防产品、技术装备时,使测量结果达到要求的精度、可信度和兼容性,从而确保装备完好,使用安全、有效、无故障;四是保证合理地利用资源。[6]

2020年制定的《国防产品标准化条例修正案（N1927）》中，对国防产品标准化的目标未作调整。

第三节　国防产品标准化的原则

俄罗斯2003年颁布的《技术法规法》中规定："标准自愿采用"[7]，这一规定体现了俄罗斯与世界市场接轨的发展理念，对于国防产品标准化没有明确提出特殊原则。2015年颁布的《标准化法》中，在标准自愿采用原则的基础上，进一步规定了国防产品的标准化文件强制采用。[8]

《国防产品标准化条例（N822）》提出了六条国防产品的标准化原则[5]：一是强制使用国防产品标准和标准化文件，包括国防订购单位根据上述文件建立的国防产品要求；二是使用统一的系统来规划国防产品标准化文件制定工作；三是使用单一信息源来保障和支持研究工作；四是消除国防产品标准化要求的重复规定；五是考虑标准化的复杂性，确保相互关联的对象统一实施标准化，并符合武器装备、军用设备、特殊设备和技术的发展趋势；六是使用通用术语，确立国防产品的共同规则，实行通用分类和编目系统标准。

在上述文件的基础上，《国防产品标准化条例（N1567）》增加了保障组织合法利益和遵守知识产权，保持标准先进性和标准化活动连续性，提高标准的可实施性及标准信息可获得性方面的原则[6]：

（1）在标准化对象相关的领域内，强制采用和执行国防产品标准化文件；

（2）制定标准化文件时要考虑相关单位的合法利益，并保护知识产权；

（3）基于统一规划系统和统一信息保障，确保标准化工作参与单位责任清晰，工作协调；

（4）确保标准化工作的系统性，包括标准化文件的要求一致、不矛盾，考虑标准化文件中的国际标准要求，合并不同标准化文件中的重复要求，保证标准化要求的唯一性；

（5）提高标准化的配套性，结合武器、军事和特种技术装备、国防工业体系单位技术装备的发展前景，保证相关对象的标准化工作完整、全面；

（6）保证标准化文件的要求与现代科学、技术和工艺发展水平、先进的国内外经验相符合；

（7）保证标准化活动的继承性；

（8）使用统一的术语，统一的分类、识别、编码、自动化处理和数据交换系统；

（9）提高标准可监督性，标准化文件中要求的可执行性应可监督；

（10）在遵守俄罗斯有关保密法规的前提下，国防产品标准化工作参与单位可获取国防产品标准化文件信息。

第二章 俄罗斯标准化发展纲要和战略

第一节 国家标准化体系发展纲要

一、2010年前国家标准化体系发展纲要

2006年，俄罗斯政府批准实施《2010年前国家标准化体系发展纲要（N 266-p）》。通过该纲要的实施，联邦政府机构、国家企业、商业团体和社会团体参与国际标准化、区域标准化已成为国家标准化发展的基本方向。这份文件针对2003年颁布的《技术法规法》存在的问题，提出了俄罗斯国家标准化体系发展的目标、原则、任务和方向。

标准化的战略目标主要包括：提升俄罗斯产品、工作和服务的质量及国内外市场的竞争力；促进科技进步；保证国防力量、经济、生态、科技和工艺的安全性；保证资源的合理利用；保证技术及信息兼容性和产品互换性；保持俄罗斯经济强国的地位等。[9]

保证战略目标实现的原则包括：建立国家标准的应用机制；为执行技术法规要求，优先制定自愿性标准；在制定国家标准时要保证国家、经营管理主体、社团组织及消费者之间的利益平衡；建立经济激励机制，保证吸引各相关方参与标准化工作并给予经费支持；保证标准化方法和手段的有效采用；制定标准时，采用按目标规划和计划的方法；运用国际成功经验，优化国家标准制定与批准程序；提升俄罗斯在国际/区域标准化中的作用和声望；提高国家标准与国际标准的协调水平，以及提升独联体国家间标准化活动的效率。[9]

标准化的主要任务和方向是：完善国家标准化体系的法律基础；发挥标准化在国民经济发展中的作用以及标准化在国家发展中的作用；发展壮大国家标准管理和工作机构；夯实标准化经济基础；发展和完善国家标准体系；发展标准信息通报制度；加强国际/区域标准化合作；加强标准化专门人才的教育和培训。[9]

根据发展纲要中完善国家标准化体系的法律基础的任务方向，俄罗斯工商各界强烈呼吁甚至召开了"标准化圆桌会议"要求重新制定标准化法。最终，俄罗斯政府决定由技术法规和计量局组织标准化法的起草工作。标准化法案接受了社会各界的意见和建议，将行业标准和国家军用标准纳入了国家标准化文件体系，但是没有将技术条件纳入。[9]

二、2020年前国家标准化体系发展构想

2012年，为了适应当时标准化工作的形势，俄罗斯政府提出了《2020年前国家标准化体系发展构想》（以下简称《构想》），确定了2020年前国家标准化工作的首要任务、战略目标、任务、发展原则和方向。

1. 2020年前俄罗斯国家标准化体系发展的战略目标

战略目标共计14条[10]。即：

（1）促进俄罗斯作为平等伙伴融入世界经济体系和国际标准化体系；

（2）减少不合理技术贸易壁垒对贸易的阻碍作用；

（3）改善俄罗斯民众的生活质量；

（4）规定人员安全、健康和工作能力保障产品的技术要求；

（5）保障国防能力，保障俄罗斯经济、生态、科学技术、工艺和原子能利用过程的安全；

（6）提高俄罗斯产品的竞争力；

（7）保障人员的生命、健康与财产安全，保护动物、植物的安全，保护环境，促进紧急状态下民众生命保障系统的发展；

（8）消除使用方的疑虑；

（9）在技术监督领域完善与世界贸易组织技术壁垒协议相关的标准化体系，完善与海关联盟框架内协议相对应的标准化体系；

（10）促进海关联盟成员国、亚欧经济体、独联体国家的经济一体化；

（11）促进优秀试行成果的转化；

（12）及时改进俄罗斯在国际和区域标准化机构中的工作；

（13）扩大信息技术在标准化领域中的应用；

（14）组织和协调俄罗斯标准化专家和技术委员会参与国际标准、区域标准和国家标准的制定工作。

战略目标的第5条提出国家标准化体系发展的战略目标之一是"保障国防能力"，体现了俄罗斯的标准化工作是军民一体的发展思路，国家标准化的战略目标包含保障国防能力，国防能力的提高不仅仅依靠国家军用标准，更是植根于国家标准化体系。[10]

2. 俄罗斯国家标准化体系发展的战略任务

为提高俄罗斯产品的竞争能力，构想提出需要完成七个方面的任务[10]：

（1）依据最新科学成果和现代技术发展水平，规定产品、原料、材料、半成品和配套产品的技术水平和质量要求，规定产品设计和生产领域加速推广高质量产品先进生产方法的标准，规定产品设计和生产领域消除品种规格不合理多样化的标准，规定产品设计和生产领域保障复杂产品零部件互换性的标准；

（2）创造促进新兴产品生产和流通、能源有效利用（包括替代能源的使用）和资源合理利用的条件；

（3）完成工业生产的技术改造和现代化；

（4）促进经济各领域所积累的技术、知识和经验相互渗透；

（5）提高工业产品工艺过程标准化的作用；

（6）按照国家标准、试行国家标准、组织标准和规程自愿完成标准内容的符合性评定；

（7）在国家经济现代化的联邦专项计划和其他国家规划中运用标准化的方法和手段。

3. 俄罗斯国家标准化体系发展的战略原则

俄罗斯国家标准化体系发展的战略原则为[10]：

（1）除合同规定必须执行相关标准的情况外，相关方自愿使用适用的标准化文件；

（2）按俄罗斯规定的程序使用国际标准、区域标准和国外标准；

（3）标准制定过程中，最大限度地考虑相关方意见；

（4）保证标准化工作的继承性；

（5）保证标准测量的统一性；

（6）保证标准制定的可溯性；

（7）保证标准制定过程的开放性（透明性）；

（8）确保相关方可获得标准及其相关信息；

（9）保证标准要求的单义性；

（10）确保标准符合俄罗斯法规；

（11）保持标准要求的先进性和合理性；

（12）标准制定、保存和文件获取过程统一化；

（13）借助信息技术，保证标准化信息资源的系统性和综合性；

（14）保持标准化信息资源的时效性和可信度。

关于国防产品标准化，《构想》认为[10]：标准化是影响俄罗斯现代化、工艺和社会经济发展，也是提升国家国防能力的关键因素之一。国家标准化文件体系中应包含国防产品标准化文件。国家标准化工作体系应包括国防产品标准化的参与单位。通过为相互关联的项目提供标准化技术保障，实现国防产品标准化文件与国家标准化文件的相互协调。国家和国防标准化文件的计划、编制、通过、复审和撤销等程序应协调一致。依据国防产品标准化文件、国家标准、联邦技术经济和社会信息分类，开展国防产品的研制、生产、使用、回收和再利用工作，实现标准化的军民融合。

在完善俄罗斯标准化领域法律方面，《构想》认为：当采购国家及政府使用的产品、工作和服务时，强制使用国防产品合格认证方面的标准化文件。在发展国防产品标准方面，《构想》提出：国防产品标准化工作具有特殊性，其标准化发展的主要方向由俄罗斯政府另行规定。

从这两版发展纲要可以看出，尽管国防产品标准化是国家标准化工作的一个部分，但是从内容上并没有过多的涉及，只提出了原则性的规定，说明当时俄罗斯的标准化工作中，军民分线管理仍然是常态。

第二节　俄罗斯标准化战略（2019—2027）

2019年，俄罗斯发布了《标准化发展措施方案（路线图）2019—2027》（以下简称《措施方案》）。文件规定实施该战略的政府机构分工为：俄罗斯工业和贸易部负责国家标准化体系部分，俄罗斯国防部负责国防产品的标准化部分。从分工中可以看出，国防部、工业和贸易部分管军民标准的基本格局。俄罗斯技术法规和计量局隶属于工业和贸易部。

一、措施方案的宗旨

俄罗斯制定该《措施方案》的宗旨主要有九个方面[11]：

（1）完善标准化以及标准化方法领域的国家调控；

（2）完善国家标准化体系的基础设施，建立国家标准化研究院；

（3）减少制定和颁布标准化文件的时间，以及扩充其类型；

（4）引进和开发标准化工作相关的信息技术方法和信息保障措施；

（5）将国家标准化体系中的部分文件转换成"机器可读格式"，确保其转换和处理后可供机器使用；

（6）完善对相关人员的国际标准化信息保障措施，提供标准化文件的获取渠道；

（7）更新联邦标准信息资源库；

（8）监督产品承制单位（使用方）应用标准化文件的效果和效率，包括在实现计划成果中实施这些文件的程度；

（9）完善标准化工作的资源支持，包括人才和学术支持。

二、措施方案的指标

《措施方案》提出了六个专项指标[11]：

（1）将联邦标准信息资源库中的标准化文件的平均年限降至7年；

（2）将国家标准的平均制定周期缩短至 7 个月；

（3）在联邦标准信息资源库中，独联体国家间（区域）标准化文件所占份额增加到 57%；

（4）一年内批准的标准中，依靠预算外资金和自有资金、中小型企业资助制定的标准所占份额增加到 75%；

（5）将联邦标准信息资源库中至少 80% 的文件转换成机器可读格式（包括以机器可读格式提交的标准）；

（6）俄罗斯要成为国际标准化组织（ISO）和国际电工委员会（IEC）技术机构的全权会员，分别进入上述国际标准化组织的 1 组和第 A 组。

三、措施方案的内容

《措施方案》提出要在如下十个方面取得重大成果。

1. 完善标准化领域的法律法规和标准化方法

主要内容包括：对俄罗斯法律法规以及标准化文件做出必要的修改；完善标准化领域的国家调控，其中包括应用标准以建立产品的强制性功能和消费属性；向国家军用标准主编单位提供激励和补偿措施，以往这些补偿措施仅向国际标准、国家间标准和国家标准的主编单位提供；提高标准化技术委员会（项目技术委员会）运行的效果和效率；更新内容不符合科学技术优先发展方向，并限制新商品和服务上市的基础性标准化文件和行业标准，这部分行业标准需要转换为其他标准来规定国防产品的要求；改进标准化方法。

2. 完善国家标准化体系的功能

拟建立联邦政府机构在国家标准化领域一致行动的有效机制，加速制定高新技术产品标准；每年更新联邦标准信息资源库，并评估国家标准化技术委员会的业务效率；减少标准的平均年限，增加联邦标准信息资源库中国家间标准化文件的比例；增加标准化机构的数量，承担国际标准化组织和国际电工委员会秘书处的职责。

3. 完善国防产品标准化体系的功能

推动标准化自动信息分析系统使用，通过系统向国防工业综合体提供国防产品标准化文件的信息保障；考虑到标准化发展的优先领域，每年更新国防产品标准化文件资源库；协调参与国防产品标准化工作的联邦政府机构、国家企业的工作，以实施标准化年度计划和短期、中期和长期标准化规划。

吸纳总设计师，武器研制领域、军事装备研制领域和特种装备研制领域的管理人员，以及优先发展技术领域的管理人员参与评估国防产品标准化文件的科学技术水平。

对未明确技术领域的武器产品、军事装备和特种装备，确定其国防产品标准化归口单位。

4. 标准化领域的国际合作

确保每年对俄罗斯管理的国家间标准化技术委员会的业务效率进行评估；实施一系列措施来提高俄罗斯在国际和国家间标准化领域中的作用；召开亚太标准化委员会第43届大会（PASC）；确保落实《措施方案》的专项指标值。

5. 完善标准化基础设施

研制隶属于俄罗斯技术法规和计量局的国家标准化研究院的"权限矩阵"；探索在标准化活动中运用"数字环境"的可能性。

6. 人才的培训与进修

更新标准化领域内紧缺专业的职业标准；进行标准化领域内教育规划的专业公共认证；形成并确保实施统一的标准化方法；为标准化领域内的科学人才提供培训。

7. 与标准化领域内的企业合作，建立公私伙伴关系

缩短标准化文件制定的时间，以确保推出创新产品；确保落实《措施方案》的专项指标值，增加每年批准的、依靠企业资助制定的标准数量并减少制定标准的平均期限；对俄罗斯法律法规做出变更，将标准化规划纳入俄罗斯国家规划。

8. 普及标准化

定期评述俄罗斯国内外标准化领域取得的成就；组织标准化领域的负责人、专家、高等教育机构的学生了解标准化领域的成就和标准化工

作现状。

在标准化领域,举行有现实意义的地区和行业会议,举行青年专家和学者评选和奥林匹克竞赛。

9. 标准化工作的资源支持

确定评估标准经济效益的准则,以确定标准的制定优先级。考虑具体产品的市场需求,确定联邦预算资金制定国家标准化体系文件的支持力度。

制定标准化技术委员会和标准化工作参与者提出标准化工作建议的权重标准。

确保每年从联邦预算中向相关法人提供补贴,以补偿其在国际标准、区域标准(包括俄罗斯参与制定的国家间标准)和国家标准化文件制定工作中发生的部分费用,确保技术规程、国际协议和联邦法规的应用和执行。

10. 监督《措施方案》的实施情况

监督《措施方案》的实施结果,在必要的情况下对《措施方案》进行变更和补充。

四、国防产品标准化任务

为取得《措施方案》十项预期成果,《措施方案》进一步规定了具体任务。俄罗斯国防部牵头完成的任务共计十三项:

(1)制定《标准化法》修正案,完善标准化领域活动,调节制约国家标准化政策制定和实施的各类关系。将标准化专家纳入标准化体系的参与者中,确定其职责、权力和追责理由,赋予俄罗斯国防部在国防产品标准化领域制定国家政策和法规的权力。

(2)制定俄罗斯税法的修正案,向国防产品标准化文件的研制人员提供激励和补偿措施,以往这些措施规定仅适用于国际标准、区域标准和国家标准的研制人员。与国防产品标准化文件的制定有关的费用将包含在商品和服务的生产费用中,并列入费用类型目录中。

（3）制定2015年俄罗斯第18号总统令批准的"关于制造武器装备、军事装备和特种装备的总设计师的规定"的修正案，在相应的武器装备、军事装备和特种装备研发领域，提高总设计师在制定和实施标准化措施方面的作用。提高研制武器装备、军事装备和特种装备的总设计师在制定标准化方案和计划中的作用，这些方案和计划涉及国家军用标准及其他国防产品标准化文件的制定和更新。

（4）制定从联邦预算资金中向法人单位提供补贴的规则，用来调控补偿制定国家军用标准的部分费用和使用自有资金制定国家军用标准的部分费用。

（5）制定2016年12月30日俄罗斯政府第1567号决议批准的"国防产品标准化条例"的修正案，消除国防产品标准化领域法规调控的不确定性，提高国防产品标准化工作的成效，其中包括：

① 明确标准化工作参与者的职责和权力；

② 将标准化专家和国防产品标准化领域内的专家组织纳入国防产品标准化体系的参与者中；

③ 确定对标准化专家和国防产品标准化领域的专家组织追究责任的理由；

④ 提高国防产品标准化重点单位在国防产品标准化文件的规划、制定及信息保障方面的作用；

⑤ 制定国防产品标准化的行业文件资源库在其原件持有者（根据标准化的固定对象）的部门隶属关系发生变化时的跨部门转移规则。

（6）制定基础国家标准 ГОСТ Р 1.1 "俄罗斯标准化 标准化技术委员会 创建和活动规则"和 ГОСТ Р 1.2 "俄罗斯标准化 俄罗斯国家标准"。明确俄罗斯国防部对军民通用的国家间标准和国家标准的批准程序。完善国防产品标准化体系的功能，在国防产品标准化领域形成统一的技术政策。

（7）根据武器装备、军事装备和特种装备标准化的优先发展领域，编制国家军用标准的标准化计划，并为计划的实施提供标准化工具，主要目的是：

① 在军事装备研发和生产中采用先进技术和先进科技成果；

② 优化和统一国防产品的命名法，确保其兼容性和互换性；

③ 确保测量的一致性，并在履行国防订单时确保测量结果达到所需的准确性、可靠性和可比性；

④ 确保国防产品的质量并提高其可靠性；

⑤ 促进军事技术的创新发展、国防工业综合体组织的技术更新和升级。

（8）加强国防产品标准化的科学和方法支持。在"第46中央科学研究院"的基础上，建立国防产品标准化中心。将国家标准和国家间标准纳入《国防产品标准化文件目录》，避免国家标准和国家间军用标准的交叉重复。

（9）评估将国家标准和国家间标准用于国防产品标准化文件的可能性。根据评估结果，做出将其纳入《国防产品标准化文件目录》的决定。确定标准化专家的法律地位，消除对国家军用标准进行审查的不确定性。主要包括：

① 确定国防产品标准化专家的职责和权力的标准；

② 确定国防产品标准化专家的培训及其考核要求的标准；

③ 提出国家军用标准审查的要求；

④ 确定国家军用标准审查的时间要求；

⑤ 确定国防产品标准化专家目录建立和维护的要求；

⑥ 完善建立和维护国防产品标准化文件资源库的活动。

（10）确定国防产品标准化的归口单位，对未确定技术领域的武器装备、军事装备和特种装备产品类别分配归口单位。创建由训练有素的工业部门专家组成的国防产品标准化领域的专家"研究所"。

（11）制定标准化领域专家的培训计划，开展"国防产品标准化领域的专家"认证，制定国防产品标准化领域的专家技能提升计划。

（12）普及标准化，恢复《军事装备标准化》杂志的发行。出版有关军事装备标准化现实问题的材料，组织专家之间的经验交流，拓展国防产品标准化工作的信息和方法。

（13）为加强国防产品标准化工作的信息保障，组织标准化专家之间的经验交流。在国际军事技术论坛的框架内举行国防产品标准化会议，出版国防产品标准化文集。

第三节　俄罗斯标准化战略的特点小结

俄罗斯以国防产品标准化的方式统筹标准化的军民融合。从标准化对象的范畴上来说，俄罗斯以国防产品为对象开展标准化工作，不论是纯粹的军用产品，还是军民通用产品，甚至是民用产品，只要"按照国家国防订单研制和（或）供应"，都称为国防产品。军用产品是国防产品里的一个特殊类别，军用标准化是国防产品标准化的一个部分。俄罗斯从统筹军民标准两方面的角度，将服务于整个国防和军队建设的标准化工作都纳入国防产品标准化工作的管辖范围。国防产品更是从政府采购的层面出发，开展标准化工作，对于标准的贯彻实施具有很好的推动作用。

俄罗斯军民标准化工作融合程度不断加深。无论是《2010年前国家标准化体系发展纲要》还是《2020年前国家标准化体系发展构想》，对于国防产品标准化的阐述都很少，基本是由联邦政府另行规定。在《措施方案》里，则采取了较大篇幅，不仅提出了指标和内容，更提出了具体任务的要求和内容，说明俄罗斯标准化军民融合的程度得到进一步加强，军民一体的国家标准化体系特征更加显著。

俄罗斯国防产品标准化更加注重发挥标准化专家的作用。俄罗斯拟编制《标准化法》修正案，将标准化专家纳入标准化体系的参与者中，并确定其职责、权力和追责理由，确定标准化专家的法律地位。确定国防产品标准化专家的培训及其考核要求的标准；创建由训练有素的工业部门专家构成的国防产品标准化领域的专家"研究所"。加强标准化专家之间的经验交流，在"军队"国际军事技术论坛的框架内举行国防产品标准化的会议和研讨会，出版国防产品标准化文集。

俄罗斯国防产品标准化工作拟进一步发挥武器装备总设计师的作用。

俄罗斯提出：编制2015年第18号总统令批准的"关于制造武器、军事和特种装备的总设计师的规定"的修正案，旨在提高总设计师在制定和实施所研发的武器、军事和特种装备国防产品标准化文件制定措施方面的作用。提高武器和军事装备总设计师在编制标准化方案和计划中的作用，以更好地完成国家军用标准和其他国防产品标准化文件的制定和更新。

俄罗斯国防产品标准化大力推动标准数字化变革。标准数字化是目前全世界标准化发展的趋势，俄罗斯同样提出了这样的发展目标，《措施方案》中提出，要将国家标准化体系的某些类型文件转换成"机器可读格式"，确保其转换和处理以供机器（生产系统和综合体）使用。拟将联邦标准信息资源库中至少80%的文件转换成机器可读格式（包括以机器可读格式提交的标准）。

第三章　俄罗斯国防产品标准化的政策制度

第一节　政策制度的历史沿革

1990年苏联解体后，俄罗斯对国家标准化工作政策进行了面向市场化改革的调整，将国家标准的属性调整为推荐性，用团体标准取代行业（部门）标准等。同时也保留了苏联的一些基本政策，仍将军用标准化工作视为国家标准化工作的一部分。

1993年6月10日，俄罗斯发布了《标准化法》，将"标准发布即强制执行"调整为自愿执行。从此，俄罗斯标准失去了强制执行的法律效力，法律中也没有对于国防建设及其军用标准的特殊性予以说明。随后，《标准化法》在1995年、2001年和2002年进行了三次修订。

> **关于苏联标准的强制性**[3]
>
> 1925年9月15日，苏联人民委员会在劳动国防委员会下设标准化委员会。1925年9月15日为俄罗斯国家标准化的诞生日。标准化委员会成立后颁布实施了第一批具有国家法律效力的全苏强制标准。
>
> 1940年7月9日，苏联共产党中央委员会（ЦКВКП）和人民委员会（CHK）颁布第1211号法令《全苏国家标准及其开展程序》，恢复了苏联劳动国防委员会的全苏标准化委员会（BKC）并更名为CCCP人民委员会（CHK）全苏标准委员会（CCCP BKC），负责组织编制和批准国民经济各领域强制使用的全苏国家标准。
>
> 在颁布1211号法令恢复CCCP BKC的同时，CCCP最高苏维埃

主席团还颁布了意向命令,即《工业企业不遵守强制标准生产不合格或不配套产品的责任》。命令声明,因不遵守强制性标准而生产不合格或不配套产品者构成犯罪,等同背叛行为,将受到严惩(送法庭审判并监禁5年到8年)。标准化被提升到国家重大事项的高度。

第二次世界大战开始后,生产军用物资成了主要需求,苏联几乎所有的民用机器制造行业标准失去作用,行业军用标准成为机器制造厂和仪表制造厂生产产品及开展民转军生产军用物资的主要依据。行业军用标准对所有的民转军工厂都为强制性。

20世纪90年代,俄罗斯经济上的主要任务向市场经济转型,与国际接轨。国家标准化工作的主要任务是配合国家经济建设,使标准化工作迅速适应市场经济,主要措施包括:大力采用国际标准,将国际标准作为制定国家标准的基础,积极响应世界贸易组织有关技术壁垒协定的规定,大力发展自愿性标准等。

2002年12月15日,经过俄罗斯国家杜马通过,12月18日经联邦委员会批准,12月27日经俄罗斯总统签署,俄罗斯颁布了联邦法律N184-03号——《技术法规法》,该法于2003年7月1日实施。《技术法规法》替代了原有的《标准化法》,该法是规范技术法规、标准化、合格证明、认证机构及其监督实施,以及召回违反技术法规和标准化要求的产品等有关技术管理的综合性法律制度,重点规范的是技术法规的认证和国家监督,标准化是其调整的一个部分。从2005年起,该法经过多次修订,其最新版本修订于2017年。

2003年7月1日,在俄罗斯国家标准化领域具有里程碑意义的重要时间节点。《技术法规法》于这一天实施,其后很多政策的分界点均以该时间为界,例如,某些标准是否有效的时间范围、行业标准的采纳与转化等。

为进一步贯彻实施《技术法规法》,依据该法"总则"第5条的有关规定,俄罗斯制定了相应的国防产品标准化政策文件,补充了国防产品标准化方面的详细规定。

2005年12月8日，俄罗斯以政府令的形式颁布了《国防产品标准化条例（N750）》，该法共分三章23条，第一章总则，第二章标准化活动，第三章在实施标准化活动时，联邦政府机构——国防订购单位的职责。

2009年10月17日，俄罗斯政府颁布了《国防产品标准化条例（N822）》。该条例分为"总则""国防产品标准化要求""联邦产品标准化要求"等三部分，对国防产品标准化工作的组织机构，标准实施，标准的分类、制定、批准、修订及废止等分别进行了规定。同时2005年12月8日颁布的《国防产品标准化条例（N750）》废止。

随着标准化工作的发展，2012年，俄罗斯制定了《2020年前国家标准化体系发展构想》。在其指导下，基于2003年的《技术法规法》第三章"标准化制度"的有关要求，俄罗斯于2015年重新制定了《标准化法》。其中明确要求国防产品标准强制采用。

2016年12月30日，俄罗斯发布了新版的《国防产品标准化条例（N1567）》，替代了2009年颁布的N822，对标准化的组织体系和工作职责等进行了调整。

2019年，《措施方案》发布，其中明确了修订国防产品标准化条例的要求。一是加强国防产品标准化工作计划与武器和军事装备的发展改进计划的协调，扩大国家标准的适用范围，减少国家军用标准制定项目的数量；二是充分开展俄罗斯国家标准对国防产品的适用性研究，使用民用标准代替军用标准，并使相应标准的检验工作由俄罗斯国防部负责改为由工业部门负责；三是在新颁布国家标准中补充军用条款，包括在所要采用的国家标准中纳入与被废止军用标准及其补充件相一致的要求，为所要采用的国家标准制定相应的军用补充件。

2020年11月25日，在《措施方案》指导下，俄罗斯颁布了政府令《国防产品标准化条例修正案（N1927）》，对联邦法令N1567进行了修改、补充和细化。目前，N1567及N1927是俄罗斯现行有效的国防产品标准化政府令。

> **关于俄罗斯的法律体系**
>
> 根据法律的地位和效力的不同，俄罗斯的法律体系可分为宪法、联邦法、总统令、政府令和部门法规与条例。根据宪法的规定，联邦议会是立法和代议权力机构。俄罗斯议会由联邦委员会（议会上院）和国家杜马（议会下院）组成。俄罗斯的国家元首是总统，也是武装力量的最高统帅。政府机构的职能是行政管理。《技术法规法》和《标准化法》是联邦法，由俄罗斯议会联邦委员会批准。《国防产品标准化条例》是政府令，由俄罗斯政府批准，批准人一般是政府总理（有时也翻译成联邦政府主席）。

在此需要说明的是，《国防产品标准化条例》是对条例的简称，条例的全称是《国防产品、用于保护信息（国家秘密或国家法律限制发布的信息）为目的产品，以及内容包含国家秘密的产品的标准化条例》。需要说明的有三点：一是产品的类别，条例中，用于保护信息（国家秘密或国家法律限制发布的信息）为目的产品，以及内容包含国家秘密的产品，通常称为联邦产品。二是俄罗斯国防产品和联邦产品的类型，既包含了产品，也包含了工作和服务，在《国防产品标准化条例修正案（N1927）》中，产品的范畴更是拓展到了"设施"。三是联邦产品，与国防产品类似，都是政府采购的产品。这类产品又可分为三类，第一类是用于保护国家秘密信息的产品，第二类是保护国家法律限制发布的信息的产品，第三类是本身构成国家秘密的产品。国防产品和联邦产品的标准文件为国家标准化体系的组成部分。鉴于本书主要关注的是国防产品标准化，故将文件名称做简化处理。后文中对国防产品标准化的相关条例（如N750、N822、N1567和N1927等）的分析和说明都采用简化的名称，不再赘述。

第二节 俄罗斯《技术法规法》

《技术法规法》主要对产品以及生产、操作、储存、运输、销售和使用过程有关的强制性要求和自愿遵守的要求的制定、颁布、适用、实施和合格评定中涉及的关系进行规定。自愿遵守的要求及合格评定还包括工作实施和服务提供等领域。该法还确定了参与者的权利和义务，并规范了参与者之间的关系。该法共分十章48条，第一章为总则，主要规定了法规的适用范围和基本概念。第二章是技术法规，第三章是标准化，第四章是合格评定，第五章是认证机构和测试实验室（中心）的认可，第六章是对国家贯彻技术法规要求的监督，第七章是违反技术法规要求的信息以及产品的召回的规定，第八章是技术法规和标准化文件的信息，第九章是技术监督领域的经费来源，第十章是结束性条款和过渡条款。

《技术法规法》第一章"总则"的第5条，提出了"国防和国家保密产品技术监督的特殊性"要求。"对于根据国防订单为满足联邦国家需要而提供的国防产品，对于用于保守国家秘密资料的，或用于根据俄罗斯法律列为限制级别的，并需要保密的信息产品，以及国家保密的产品，如缺乏相应的技术法规要求，则有关产品的性能以及产品的生产、操作、贮存、运输、销售和使用过程的强制性要求，由国防订购中作为国防订购单位的联邦政府机构在其职责范围内制定。相关的标准化文件的制定、颁布和适用条件由俄罗斯政府规定。相关的强制性要求的合格评定（包括贯彻实施监督）按照俄罗斯政府制定的程序进行，并应与国家法律法规以及其他技术法规协调一致。"[8]

在《技术法规法》第三章"标准化"中规定了标准化的目的、原则，俄罗斯的国家标准机构、标准化技术委员会、国家标准、联邦技术经济和社会信息分类、制定和批准国家标准的规则，以及团体标准等内容。标准化的目的是"提升人的生命或健康的水平，提升自然人、法人、国家和地方的财产的安全水平"。

尽管《技术法规法》规定了国防产品标准化的特殊要求，但法律中并没有提出国防产品标准强制执行的字眼，与当时俄罗斯国民经济与世界接轨的国家战略息息相关。

2017年，俄罗斯修订了《技术法规法》。取消了"第三章　自愿使用标准化文件确保遵守技术法规"中的绝大多数内容，改为引用《标准化法》的条款进行说明，只保留了"第16-1条 制定自愿应用确保符合技术法规的标准化文件目录的规则"。其内容如下：

标准化领域的联邦政府机构不得迟于技术法规批准生效日前30天，在联邦政府机构的印刷媒体上公布技术法规，并在公共信息系统中列出文件目录。标准化在自愿的基础上使用，确保符合所采用的技术法规的要求。[12]

俄罗斯的《国家标准目录》可包括俄罗斯的国家标准和规则、国际标准、区域标准、外国国家标准和准则。

俄罗斯的国家标准和规则可能表明技术法规的要求，自愿遵守。

在自愿的基础上应用标准化文件目录中的标准和规则集，是符合相关技术法规要求的充分条件。在应用此类标准和规则以符合技术法规要求的情况下，可以在确认其符合此类标准和规则的基础上进行对技术法规要求的符合性评估。不适用此类标准和规则不能被评估为不符合技术法规的要求。在这种情况下，允许使用俄罗斯的初步国家标准、组织标准和其他文件来评估是否符合技术法规的要求。

《技术法规法》规定标准化文件修订和更新的频率为至少每5年一次。同时新的《技术法规法》说明了上述经修订的条款应与现行的联邦法律相一致。

第三节　俄罗斯《标准化法》

2015年制定的《标准化法》，在《技术法规法》第三章的基础上做了较大扩充。对标准化工作做出了更全面的规定，该法除了继承了《技术法规法》中的目的、任务、原则外，还增加了国家标准化体系优先发展的国家政策方向。这是后续指导俄罗斯标准化工作的主要依据。

法律对国家标准化体系的参与者做出了规定，除了在标准化领域制定国家政策和规范性法律的联邦政府机构、标准化领域的联邦政府机构、标准化技术委员会外，还增加了国家原子能公司和国家航天公司等其他国家公司、标准化起草（或设计）技术委员会、上诉委员会等实体。

法律对标准化文件体系进行了细化和扩充，由原来的国家标准、标准化规则、规定程序的分类法和团体标准四类扩充到了包括国家标准化体系文件、联邦技术经济和社会信息分类、团体标准、技术条件、规范目录和强制性标准化文件等类型。

法律明确了国家标准化体系文件的制定和批准程序，国家标准化体系文件的使用制度、标准化信息保障制度、标准化领域的国际和地区合作、标准化领域财政拨款和标准化责任等。

法律对国防产品标准化做出了总体性的要求。在标准化目的中，明确提出了国家标准化体系"保障国防和国家安全"的任务目标。在标准化原则中则明确："以自愿采用标准化文件为主，国防产品标准采用强制原则。"一定程度上恢复了国防产品标准的强制性属性。该法的第六条指出，"国防产品标准化的相关要求由俄罗斯政府另行规定"。实际上，在2009年，俄罗斯已经颁布了国防产品标准化条例（N750），因此，在该法中，对国防产品标准化工作仅做了顶层要求，具体规定交由下位法阐述。

《标准化法》是一部军民融合的标准化法。该法在目标和任务中明确标准化的任务之一是："确保国防和国家安全"。《标准化法》对于国防产品标准化的定性是强制性的。该法原则中明确说明：俄罗斯的标准化实行自愿采用标准化文件的原则。但对于国防产品的标准化，以及与此类产品相关的流程和其他对象，与它们有关的标准化文件应强制采用，原因是确保俄罗斯境内组织的安全。

第四节　国防产品标准化条例（N750）

国防产品标准化条例（N750）一共分为三章，分别为总则、标准化活动和实施标准化活动的国家订购单位的职责。

一、N750的总则

总则主要规定如下七个方面的内容：

1. 国防产品标准化工作的内容和适用范围

俄罗斯国防产品标准化工作主要包括标准文件的制定、批准和使用等内容，适用于军事专用和军民通用的国防产品的研制、生产、使用、维修、保存、运输、销售和报废的全过程。用于保护国家秘密信息的产品或者保护国家法律限制发布信息的产品，以及含有国家秘密信息的产品。

2. 国防产品标准的有关概念

主要是对国家间军用标准、国家军用标准、国家军用标准的战时补充件和战时国家标准的定义。还包括限制发行的国家标准、行业标准、标准化归口单位、国防订购单位等的概念。

3. 国防产品标准化文件类型

N750规定的国防产品标准化文件有十二类，分别是：

（1）国家间军用标准；

（2）国家军用标准及其战时补充件；

（3）战时国家军用标准；

（4）2003年7月1日前批准的、军民通用的国家间标准和国家标准及其补充件；

（5）为完成国防订购而使用的国家标准及其补充件；

（6）为完成国防订购而使用的行业标准及其补充件；

（7）为完成国防订购而使用的团体标准；

（8）标准化规程、规范和建议，以及产品编目系统标准；

（9）国防产品标准分类；

（10）联邦技术经济和社会信息分类；

（11）联邦国家供应品统一编目系统标准；

（12）各类武器和军事装备通用技术条件。

4. 联邦产品标准文件类型

主要是2003年7月1日前批准的限制发行的国家标准、国家间标准和行业标准。

5. 各类文件信息的检索渠道

国防产品标准文件信息包含在《国防产品标准化文件目录》中。国家间军用标准、国家军用标准及其战时补充件文件信息包含在《国家军用标准目录》中。联邦产品标准文件信息包含在《限制发行的国家标准目录》中。《国防产品标准化文件目录》和《国家军用标准目录》属于国防产品标准化文件,《限制发行的国家标准目录》属于联邦产品标准化文件。

6. 国防产品标准和联邦产品标准之间的关系

条例明确,国防产品标准和联邦产品标准是国家标准(化)体系的分系统。

7. 国防产品标准和联邦产品标准的工作经费来源和知识产权关系

条例明确,国防产品标准和联邦产品标准是依靠联邦预算资金制定的,知识产权归联邦所有。

二、标准化活动

除国防产品标准化的目标外,N750对标准化活动还规定了如下内容:

1. 法律和知识产权限制

实施标准化活动应考虑俄罗斯在信息保护领域的法律法规的限制,包括国家保密规定、俄罗斯法律规定的信息限制许可,以及知识产权保护等。

2. 经费预算来源及资助范围

国防产品标准和联邦产品标准的制定和修订实行联邦预算拨款,即由技术法规和计量局以及国防订购单位预先制定年度计划并申请拨款。这些计划拨款用于:

(1)完成国防订购和联邦计划的科学研究和设计试验;

(2)实施《国家标准制定计划》,包括对国家标准草案的审查;

(3)联邦标准信息资源库的建立和管理;

(4)制定联邦技术经济和社会信息分类。

3. 国防产品标准的制定程序

国防产品标准的制定程序由技术法规和计量局、国防订购单位组织完成。主要阶段有七个:一是起草标准制定计划;二是起草和确定标准的技术任务书（内容）；三是在与俄罗斯法律法规相一致的前提下，下发标准草案任务书；四是起草标准草案；五是向相关机构征求意见，以及对意见和建议的处理（即发送征求意见稿和反馈意见处理）；六是针对修改后的标准，与相关机构协调（再次征求意见）；七是由国防订购单位与技术法规和计量局联合组织实施标准草案的审查工作。

4. 标准批准、登记、变更和废止程序

按照技术法规和计量局以及国防订购单位规定的程序进行。

5. 标准的发布程序

国防产品标准的发布程序由国防订购单位，或者批准该文件的组织会同俄罗斯国防部以及技术法规和计量局联合确立。联邦产品标准的发布程序，由国防订购单位，或者批准该文件的组织会同技术法规和计量局联合确立。

6. 国防产品标准和联邦产品标准的发布应考虑的因素

主要包括俄罗斯法律在信息防护领域制定的要求，包括国家秘密或者根据俄罗斯情报（信息）法被列为具有限制许可保护的（信息保护要求）。

7. 信息更新频率

列入《国家军用标准目录》和《限制发行的国家标准目录》的国防产品标准和联邦产品标准的批准和废止信息，每3个月出版一次，而被列入《国防产品标准化文件目录》的国防产品标准的批准和废止信息，每6个月出版一次。

8. 标准的强制性和有效性

国防产品标准和联邦产品标准由国防订购单位和国家合同规定其强制实施。2003年7月1日前批准的并被列入《国防产品标准化文件目录》《国家军用标准目录》和《限制发行的国家标准目录》的国防产品标准和联邦产品标准在其被修订或废止之前一直有效。

9. 团体标准的实施程序

列入《国防产品标准化文件目录》的团体标准应按照国家军用标准和依据俄罗斯法律在知识产权保护领域内所确定的程序实施。

三、实施标准化活动的国家订购单位的职责

俄罗斯国防部、技术法规和计量局、国家信息安全部门和其他国防订购单位,在其职责范围内承担国防产品标准化工作。

1. 俄罗斯国防部的工作职责

(1)依据国防产品标准类型履行国防订购单位的职能,标准类型包括国家间军用标准、国家军用标准及其战时补充件、国家供应品统一编目系统标准、各类武器和军事装备通用技术条件;

(2)实现国防产品标准化工作的长远规划,制定国防产品标准化工作规划和年度计划;

(3)(配合)国防订购单位依据国防产品标准进行的协调工作;

(4)保证国防产品标准与联邦武器装备和军事技术的研制、生产大纲协调一致;

(5)编制《国防产品标准化文件目录》;

(6)批准、出版和发布国防产品标准,即各类武器和军事装备通用技术条件,同时保存其送审稿;

(7)实施国防产品标准的制定和使用监督,同时协同联邦政府机构有关部门建立监督机制;

(8)组织协调技术法规和计量局批准的国防产品标准方案;

(9)与技术法规和计量局、其他国防订购单位联合实施国家军用标准、国家标准草案的管理和(实施)建议,包括国防产品标准的制定、批准、发布、使用和废止要求;

(10)确定标准化归口单位的工作职责,组织国防产品标准化信息中心的活动;

(11)保证培训和提高俄罗斯国防部以及国防产品标准化领域所属机构专家的职业水平,致力于改善国防产品标准化基本原理和方法的科学性;

(12)保证国防产品标准在其规定范围内的完整性,包括在2003年7月1日前批准的标准。

2. 技术法规和计量局的工作职责

作为国家标准化机构，其职责包括：

（1）按照国防产品标准和联邦产品标准履行国防订购单位工作的职能；

（2）实施国防产品和联邦产品的标准化活动的长远规划，起草《国家标准制定计划》中涉及的限制发行的国家标准；

（3）与俄罗斯国防部和其他国防订购单位联合解决国防产品和联邦产品的标准化问题；

（4）协调国防产品标准的年度计划；

（5）起草国家军用标准和限制发行的国家标准指南；

（6）颁布、出版和发行国防产品标准和联邦产品标准，包括国家间军用标准，国家军用标准及其战时补充件，战时国家军用标准，2003年7月1日前批准的军民通用的国家间标准和国家标准及其补充件，为完成国防订购而使用的国家标准及其补充件，标准化规程、规范和建议，国防产品标准分类，联邦技术经济和社会信息分类，国家供应品统一编目系统标准，包括其更改，同时保存其送审稿；

（7）与俄罗斯国防部和其他国防订购单位联合实施国家军用标准、国家标准制定和实施的管理建议，包括国防产品标准和联邦产品标准的制定、批准、登记、出版、发行、使用和废止要求；

（8）保证培训和提高技术法规和计量局以及国防产品和联邦产品标准化领域所属机构专家的职业水平，致力于改善国防产品和联邦产品的标准化基本原理和方法的科学性；

（9）保证国防产品标准和联邦产品标准在其规定范围内的完整性，包括在2003年7月1日前批准的标准。

3. 作为国防订购单位的俄罗斯国家信息安全部门的职责

（1）按照国防产品和联邦产品标准履行国防订购单位的职能；

（2）实施国防产品和联邦产品标准化活动的长远和近期规划；

（3）参与制定和协调国防产品标准化年度计划，起草国家标准制定规划建议书，涉及限制发行的国家标准；

（4）与俄罗斯国防部、技术法规和计量局以及其他国防订购单位联合解决国防产品和联邦产品的标准化问题；

（5）保证国防产品标准与联邦武器装备和军事技术的研制、生产大纲协调一致；

（6）保证国防产品标准和联邦产品标准与技术法规和计量局批准的方案一致；

（7）确定标准化归口单位；

（8）保证培训和提高本单位专家以及国防产品和联邦产品标准化领域所属机构专家的职业水平，致力于改善国防产品和联邦产品的标准化基本原理和方法的科学性；

（9）保证国防产品标准和联邦产品标准在其规定范围内的完整性，包括在2003年7月1日前批准的标准。

4. 其他国防订购单位的职责

（1）按照国防产品标准和联邦产品标准类别履行国防订购单位的职能；

（2）实施国防产品和联邦产品标准化活动的长远和近期规划；

（3）参与制定和协调国防产品和联邦产品年度计划，起草限制发行的国家标准制定的大纲；

（4）与俄罗斯国防部、技术法规和计量局联合解决国防产品和联邦产品的标准化问题；

（5）保证国防产品标准与联邦武器装备和军事技术的研制、生产大纲协调一致；

（6）保证国防产品标准和联邦产品标准与技术法规和计量局批准的方案一致；

（7）保证在规定的活动范围内，行业标准的完整性、实用性和废止；

（8）确定标准化归口单位；

（9）保证培训和提高本单位专家以及国防产品和联邦产品标准化领域所属机构专家的职业水平，致力于改善国防产品和联邦产品的标准化基本原理和方法的科学性；

（10）保证国防产品标准和联邦产品标准在其规定范围内的完整性，包括在2003年7月1日前批准的标准。

第五节　国防产品标准化条例（N822）

国防产品标准化条例（N822）一共分为三章，分别为总则、国防产品标准化要求和联邦产品标准化要求。这里联邦产品标准化作为单独的一章予以提出要求，主要是对政府采购的涉及敏感信息的产品的标准化做出规定。

一、N822的总则

主要包含8个方面的规定。

1. 法规的内容和适用范围

法规规定了国防产品标准化的具体内容，适用于国防产品的设计、生产、建造、安装、调试、使用、储存、运输、销售、处置和报废过程，也适用于产品本身构成国家秘密以及含有秘密信息的产品。

2. 法规不适用的产品和设施标准化的规定

这些要求与原子能利用领域确保核和辐射安全有关，与国防产品无关。

3. 法规中使用的术语

包括国防产品、军用产品、国家间军用标准、国家军用标准、行业军用标准、标准的军用补充件、标准的战时补充件、战时标准、限制发行的国家标准、国防产品标准化的对象、国防产品标准化的归口单位、国防产品标准化文件目录、国防产品标准化文件目录的变更、国家军用标准目录、国家军用标准目录的变更、限制发行的国家标准目录、国防产品标准化文件的实施、国防产品标准化文件信息保障、国防产品标准化文件的发行和国防产品标准化信息中心。

4. 国防产品标准化的体系

主要包括国防产品标准化工作的参与单位以及国防产品标准化文件。

5. 国防产品标准化文件资源库的构成

《国防产品标准化文件目录》中包含的国防产品标准化文件和《国家军用标准目录》构成国防产品标准化文件资源库，是联邦信息资源。

6. 国防产品标准文件的产权归属

以联邦预算为经费来源制定的国防产品标准化文件是联邦财产。

7. 国防产品标准化的信息保密要求

国防产品标准化工作需要符合俄罗斯保密法规和知识产权保护相关法规的规定。

8. 国防产品标准化经费来源和资助项目

国防订购单位、俄罗斯技术法规和计量局在相应的年度为以下国防产品标准化领域的活动提供联邦预算资金：

（1）国防秩序的研究、开发和技术工作；

（2）作为国防令的一部分实施联邦目标计划；

（3）制定国家标准的计划；

（4）实施各项计划规定的措施和标准化年度计划；

（5）审查国防产品标准和标准化文件；

（6）国防订购单位对国防产品标准化文件资源库的形成、维护和更新；

（7）实施国防产品标准化条例规定的措施。

根据有关协议，按照俄罗斯工业和贸易部及财政部协商确定的方式，在有意愿获取国防产品标准化信息和文件的企业实体的基础上，可以建立和维护国防产品标准化文件共享库。

二、N822对国防产品标准化的规定

N822除规定了国防产品标准化的目的和原则外，还规定了如下内容

1. 国防产品标准化的内容

（1）建立国防产品标准化的目标要求；

（2）建立国防产品标准化的原则；

（3）制定国防产品标准化文件，以及包含国防产品要求的标准化文件；

（4）制定国防产品标准化文件的规划；

（5）制定及修订国防产品标准化文件的程序；

（6）组建和维护国防产品标准化文件信息数据库；

（7）建立国防产品标准化文件的应用机制。

2. 国防产品标准化文件的类型

重新划分了国防产品标准化文件的类型，共分成23个类别：

（1）国家间军用标准；

（2）国家军用标准；

（3）行业军用标准；

（4）国家间标准的军用补充件；

（5）国家标准的军用补充件；

（6）行业标准的军用补充件；

（7）国家军用标准的战时补充件；

（8）国家标准的战时补充件；

（9）行业军用标准的战时补充件；

（10）行业标准的战时补充件；

（11）战时国家军用标准；

（12）战时国家标准；

（13）战时行业军用标准；

（14）战时行业标准；

（15）军民通用的国家间标准；

（16）军民通用的行业标准；

（17）国家间、国家、行业标准和限制发行的国家标准；

（18）执行国防部指令时使用的组织标准；

（19）国防产品标准化和编目的规则、标准和建议；

（20）国防产品标准分类；

（21）联邦技术经济和社会信息分类；

（22）国家供应品统一编目系统标准；

（23）武器和军事装备通用技术条件。

3. 军用产品和国防产品标准化文件信息的检索方式

国防产品标准化文件中，作为军事用途的国家军用标准的文件信息包含在《国家军用标准目录》中。国防产品标准化文件信息包含在《国防产品标准化文件目录》中。通过制定标准、修订标准，把相关标准和文件纳入文件目录等方式更新国防产品标准化文件资源库。

4. 使用目录以外的文件的规定

可以使用其信息未包括在《国防产品标准化文件目录》或《国家军用标准目录》中的文件，以及俄罗斯境内使用的其他标准化文件。使用此类标准化文件需要由国防订购单位或国防订单的承包商协商确定。

5. 文件修订或废止前有效性规定

《国防产品标准化文件目录》和《国家军用标准目录》的文件在修订或废止前一直有效。

6. 知识产权的规定

《国防产品标准化文件目录》中列入的文件，应考虑到俄罗斯在知识产权保护方面的法律法规。

7. 国防产品标准化组织架构

俄罗斯国防部、工业和贸易部、技术法规和计量局以及国防订购单位在规定职责范围内组织开展国防产品标准化工作，包括规划、研制和应用等。国防产品标准化信息中心和国防订单的主承研单位是相应领域国防产品标准化工作的主要参与者。

8. 各类文件更新程序的规定

国防产品标准化文件的规划、研制、信息支持、出版、发行、实施和废止的程序，根据国家间标准、国家军用标准的规则和建议执行。联邦产品标准化文件的规划、研制、信息支持、出版、发行、实施和废止，以及它们的变更均按照联邦法律和标准，并考虑到本条例的要求。

9. 制定和维护国防产品标准化文件资源库的程序

对于国防产品标准化文件，提供其信息和文件的程序，由国家军用标准和国防产品标准化的规则和建议决定。其他属于联邦信息资源的国家标准化文件，其制定和维护按照有关联邦法规的规定进行。

10. 国防产品的标准化方式

官方出版和发行的国防产品标准化文件由国防订购单位在其职责范围内以国家军用标准确定的方式对产品进行标准化。国防产品标准化文件的出版和发行由相关产品的国防订购单位与研制商协商进行。

11. 国防产品标准化文件信息的提供方式

俄罗斯国防部、技术法规和计量局通过出版和发行《国防产品标准化文件目录》和《国家军用标准目录》（或其某个行业的一部分），向国防订购单位和国防订单承包商提供国防产品标准化信息支持。《国家军用标准目录》中的文件信息每3个月更新一次，《国防产品标准化文件目录》中的文件信息每6个月更新一次。信息包括相关标准和文件的采用（批准）、修改和废止等。

12. 国防产品标准化文件的采纳流程

国防产品标准化文件依据年度计划进行制定，包括以下步骤：

（1）制定和批准技术标准；

（2）制定文件草案及征求意见，征求意见单位的清单根据相关单位职责范围确定；

（3）根据相关单位回复的意见对文件草案进行修改；

（4）准备采纳文件，包括审查、采纳和批准文件。

13. 国防产品标准化文件的强制性要求

是否强制使用国防产品标准化文件和相关国防产品标准化文件，由国防订购单位确定。

14. 国防产品标准化工作参与单位的职责和权限

（1）俄罗斯国防部：履行国防订购单位的职能，推动国防产品标准化工作；制定标准化规划，批准军用产品标准化方案和年度计划，监测其实施情况，编制国家标准制定建议书；协调国防订购单位的国防产品标准化工作；编制、维护、出版和发行《国家军用标准目录》《国防产品标准化文件目录》及其指南；批准并管理行业标准军用补充件和国家标准的战时补充件；与俄罗斯技术法规和计量局一起，作为国家标准化机构和国防产品标准化的参与单位，制定国家军用标准，制定标准化发展规划，研制、采用、审查、出版、发行、信息支持、实施和废止相关标准；组织制定国防产品标准化的法规；组织国防产品标准化信息中心的活动，批准国防产品标准化信息中心的制度。

（2）俄罗斯技术法规和计量局：作为国家标准化机构，履行国防订购单位的职能，推动国防产品的标准化工作；协调《标准化年度计划》；与俄罗斯国防部和国防订购单位协调国防产品的标准化工作；编制、维护、出版和发行《国家军用标准目录》《国防产品标准化文件目录》及其指南；为国家军用标准、国家军用标准的战时补充件、战时国家标准、行业军用标准的战时补充件和行业军用标准等文件的通过、采用、审查、修订和废止等制定管理条例并根据需要进行修订；在俄罗斯境内实施国家间军用标准和国家间标准的军用补充件，申请制定工作已停止；出版、发行军用标准、各类标准的军用补充件和战时补充件；与俄罗斯国防部和其他国防订购单位共同参与制定国家军用标准，制定国家军用标准发展规划，研制、采用、审查、出版、发行、信息支持、实施和废止相关标准；根据俄罗斯技术法规和计量局下属的专家组织数量确定国防产品标准化的专家组织（由相似产品和活动组成）。

（3）国防订购单位：履行国防订购单位对国防产品标准化的职能；制定国防产品标准化的长期规划；为《标准化年度计划》和《国家标准制定计划》提出建议；与俄罗斯国防部、技术法规和计量局以及其他政府机构就国防产品标准化工作进行协调；确保实施已批准的《标准化规划》和《标准化年度计划》；起草修改《国防产品标准化文件目录》的建议书；与俄罗斯国防部协调，维护、出版和发行《国防产品标准化文件目录》的部分内容；执行行业军用标准、国家标准的军用补充件、国家标准的战时补充件、国家军用战时标准、战时国家军用标准、战时行业标准、军民通用的国家标准和国家间标准，军民通用的行业标准和国家供应品统一编目系统标准的出版、发行和废止工作。

根据需求，执行行业军用标准、国家标准的军用补充件、国家标准的战时补充、战时国家军用标准、战时行业标准、军民通用的国家标准和国家间标准、军民通用的行业标准的修订、批准、登记、出版和发行工作。

与俄罗斯国防部协调,确定国防产品标准化工作的归口单位(针对相似产品和工作类型或服务)并批准这些归口单位的制度。

在负责领域内,保存《国防产品标准化文件目录》中相关标准的原始文件。对《国防产品标准化文件目录》《国家军用标准目录》和《国家军用标准目录的变更》进行修改,直至修订或废止。

(4)行使国防产品标准化领域国际组织职能的单位:制定国防产品标准化工作的管理制度以及国防产品标准化文件;保存国防产品标准化的原件、复印件和档案;为感兴趣的组织提供信息服务,包括提供术语等标准的官方出版物;编制《标准化年度计划》的建议书和国家标准化工作方案;编制修订《国防产品标准化文件目录》的建议书;参与标准化技术委员会的工作。

(5)国防产品标准化信息中心:组织《国防产品标准化文件目录》的编制、出版、发行以及修订工作;组织《标准化年度计划》筹备工作,跟踪实施情况;编制国防产品标准化的审批方案和计划,并在批准后进行会计核算;编制《国防产品标准化归口单位目录》。

三、N822对联邦产品标准化的规定

联邦产品标准化由作为国家标准化机构的俄罗斯技术法规和计量局以及作为国家订货人的联邦政府机构负责。作为国家订货人的联邦政府机构主要是负责国防、安全、外交、保密和信息技术保护等领域的有关部门。

联邦产品主要分为三个类别:一是本身含有秘密信息,二是用于保护国家秘密信息,三是保护其他包含限制获取信息。标准化工作除了包含产品本身,还包括产品的设计、生产、建造、安装、调试、使用、储存、运输、销售、处置和报废等环节。

联邦产品标准主要是限制发行的国家标准,由俄罗斯的有关政府机构协调,技术法规和计量局批准。

联邦产品由国家订货人和有关政府机构确定,须强制执行限制发行的

国家标准，在产品的设计、生产、建造、安装、调试、使用、储存、运输、销售、处置和报废等环节均需要执行。

第六节　国防产品标准化条例（N1567）

现行有效的国防产品标准化条例是2016年12月30日发布的《国防产品标准化条例（N1567）》。N1567主要规定三类对象的标准化要求：一类是国防产品，包含了物品、工作和服务等；第二类是保护敏感信息的产品，这些敏感信息包括国家秘密信息和联邦法律保护或者受限的信息；第三类是产品本身或其组成部分构成国家秘密。与这三类产品相关的标准化对象和流程的标准化活动也按照该条例执行。由于N1567是现行的国防产品标准化条例，因此本节只对其作梗概性介绍，具体规定纳入本书的相关章节进行分析和介绍。

一、N1567的总则

N1567的第一章是总则，主要规定了条例的有关概念。

二、N1567对国防产品标准化的规定

N1567对国防产品标准化的规定主要体现在条例的第二章至第十一章。
第二章是标准化的目的和需要完成的任务。
第三章是标准化原则，包括国防产品标准化文件强制采用和执行的原则。
第四章是国防产品标准化文件，主要规定了24类国防产品标准化文件的类型。与N822相比增加了国防产品标准化体系通用基础类国家军用标准。
第五章是国防产品标准化文件资源相关的要求，主要包括国防产品标准化文件目录的编制，国防产品标准化文件资源库的编制和管理活动，国

防产品标准化工作的相关组织机构在标准化文件资源编制和管理活动中的职责，国防产品标准化文件资源库更新方式，使用未列入《国防产品标准化文件目录》中的国防产品标准化文件的要求等。

第六章是国防产品标准化的组织工作，包括标准化的组织工作依据的战略、规划和计划文件，标准化规划和年度计划的编制与批准要求等。

第七章是国防产品标准化工作的信息保障，主要规定《国防产品标准化文件目录》的制定、变更、出版和发行的有关要求。

第八章是国防产品标准化工作参与单位的职责，主要包括了俄罗斯国防部、技术法规和计量局、工业和贸易部、其他联邦政府机构、国家原子能公司和国家航天公司，国防产品标准化归口单位，国防产品标准化信息中心，国防工业体系内单位，国有企业、法人联合体、国家造船业科研中心等的职责。

第九章是国防产品标准化文件的引用，包括在国家合同（协议）和技术文档中引用国防产品标准化文件，在俄罗斯的法律文件中引用标准化文件的要求。

第十章是国防产品标准化工作的经费，主要包括联邦预算资金和企业自有资金等资金来源以及资金支持的标准化工作内容。

第十一章是标准的转化，主要是行业标准的转换和移交，企业标准的制定、变更、审查和废止等内容。

三、N1567对联邦产品标准化的规定

联邦产品标准化活动由俄罗斯技术法规和计量局、国防领域的联邦政府机构、联邦政府安全部门、联邦政府对外情报部门、联邦政府反侦察和信息技术保护部门负责实施。

联邦产品标准化文件包括限制发行的国家标准、国家标准化体系文件以及联邦技术经济和社会信息分类。

标准化工作规划，包括制定限制发行的国家标准，进行审查、批准（颁布）、变更、废止上述标准，提供信息保障，建立和管理国家间军用标准规定的产品标准化文件资源库，均应按照俄罗斯技术法规和计量局、政

府保密部门、国家原子能公司和国家航天公司批准的通用基础国家标准实施。

应在国家标准实施大纲框架内，编制限制发行的国家标准。通常国家标准实施大纲作为国家标准制定大纲的一个单独章节存在。

将限制发行的国家标准相关信息列入限制发行的国家标准目录，其编制、出版和发行均由俄罗斯技术法规和计量局负责实施。

对于联邦标准化对象，须强制执行限制发行的国家标准、国家标准化体系文件的规定。

不属于国防产品的产品、产品相关的过程和相关标准化对象的标准化活动经费，按照2016年4月14日第305号俄罗斯政府令《关于批准标准化领域经费提供规则》中规定的程序提供。

对于国防产品标准化条例或者俄罗斯其他法律文件中未规定的标准化对象，不得制定限制发行的国家标准。

值得注意的是，《技术法规法》规定，俄罗斯国家标准中包含有团体标准，而在俄罗斯国防产品标准中包含有行业标准，其两者的区别在于：行业标准是由国家标准化管理机构在其权限范围内针对行业性产品、工作与服务而制定的标准，团体标准是由社会团体编制和颁布的，目的是迅速推广和应用不同知识领域所取得的研究成果。经济活动主体是否有必要采用这些标准可自行决定。

在新法规出台之前，行业标准的编制按 ГОСТ Р 1.4-1993进行，新法规出台后，国家标准体系中不再有行业标准，将逐渐被团体标准所代替，团体标准的编制按 ГОСТ Р 1.4-2004进行。

可见，行业标准将逐渐在国家标准体系中消失，新法规条件下的团体标准完全是自行组织编制和自愿执行的，这符合市场经济发展规律。在《国防产品标准化条例》中所指的行业标准即指由联邦政府机构制定的，在过去的武器装备和军事技术设备中曾经使用的标准，同时规定了联邦政府机构有权对行业标准进行废止。由此可见，为了现有武器装备和军事技术设备的使用和维护，行业标准将在国防产品和联邦产品标准中具有一个较长的过渡时期。

第七节　国防产品标准化条例修正案（N1927）

2020年11月25日，在《措施方案》的指导下，俄罗斯政府总理米哈伊尔·米舒斯京签署了第1927号政府令《国防产品标准化条例修正案》，对2016年12月30日颁布的第1567号俄罗斯政府令进行了修改、补充和细化。主要变化有如下四方面：

一、完善了国防产品标准化体系的定义

定义里提升了国防订购单位在国防产品标准化体系中的地位。在N1567的国防产品标准化体系定义中，国防产品标准化工作参与机构的顺序为俄罗斯国防部、俄罗斯工业和贸易部及其他国防订购单位。修正案中，将排序改为俄罗斯国防部和其他国防订购单位、俄罗斯工业和贸易部、俄罗斯技术法规和计量局。由此可见，俄罗斯政府机构中负责国防产品采购部门的单位在国防产品标准化体系中发挥了更重要的作用，地位也得到了进一步提升。

响应《措施方案》的规定，定义里增加了武器装备、军事设备和特种设备的主要研制生产单位以及优先技术领域的负责单位。该文件要求在国防产品标准化工作中，要提升武器装备、军事设备和特种设备的主要研制生产单位以及优先技术领域的负责单位的作用。

二、修改了国防产品标准化工作的组织实施要求

修正案中，对国防产品标准化工作的组织实施的规定，由原来的"应结合国防产品标准化的目的、任务和发展方向，组织和实施国防产品标准化工作。"更改为"应根据国防产品发展的优先顺序，并结合国防产品标准化的目的和任务来组织和开展国防产品标准化工作。"[13]进一步强调了标准化工作对于技术工作的依存性，强调了国防产品的优先发展顺序。同

时，修正案中补充了新的要求。开展国防产品标准化的优先领域应根据俄罗斯军事技术政策的基本原则确定，同时应结合俄罗斯国防工业综合体发展领域的国家政策基本原则、国家武器计划、俄罗斯总统和政府的决议、俄联邦军工委员会和俄联邦军工委员会理事会的决定、战略规划文件以及国家国防订购建议及国家原子能公司和国家航天公司的建议。

《国防产品标准化规划》在原有的"由国防订购单位、国家原子能公司和国家航天公司会同俄罗斯国防部、技术法规和计量局制定和批准"的基础上，增加了"与武器、军事设备和特种设备的主要设计单位和技术归口单位达成协议"[13]的要求。即："标准化规划由国防订购单位、国家原子能公司和国家航天公司按照与俄罗斯国防部、技术法规和计量局以及武器、军事设备和特种设备的主要设计单位和技术归口单位达成的协议制定和批准。"更加突出了装备研制单位和技术归口单位在标准化规划工作中的地位和作用。

三、细化了标准化工作建议书的要求

在制定、修订和更改国防产品标准化文件以及制定标准化程序等工作中，需要编写建议书。国防产品标准化工作的参与者应根据已批准的标准化程序、国防订购单位的委托、国防产品设计工作和科研工作的成果、国防产品生产和使用的工作经验以及国防产品标准化文件在科技方面的评估结果，编制建议书。国防产品标准化归口单位就分配给它们的标准化对象，并基于国防产品标准化参与者提交的建议书，制定年度计划建议书。年度计划建议书由国防产品标准化归口单位与联邦政府机构、国家原子能公司以及国家航天公司一起进行协调，并规划国防产品标准化文件编制工作的资金安排。年度计划由国防产品标准化信息中心编写，依据是国防产品标准化归口单位编写的年度计划建议书。联邦政府机构、国家原子能公司以及国家航天公司，应在自收到年度计划起的30日内对年度计划建议书进行审核，并决定批准或者否决。在否决和采纳理由中，修正案补充了意向否决如已有适用范围相同的国家标准化体系文件，则不再制定新的文件，充分体现了俄罗斯国防产品标准化军民一体的基本原则。

补充了国家军用标准（包括国家军用标准中通用标准）、标准化规则和建议的制定、修订和修改的流程要求[13]：

（1）制定、协商和批准编写标准化文件技术任务书；

（2）编写标准化文件初稿，并送交评估；

（3）编写标准化文件征求意见稿，对反馈意见进行汇总，并将征求意见稿送交批准、审查、初步编辑和审定；

（4）修改并向俄罗斯技术法规和计量局发送标准化文件草案的最终稿，以供采纳和编辑；

（5）采纳并登记标准化文件，发送其通过的信息函。

四、调整了国防产品标准化工作参与单位的职责

条例修正案中，俄罗斯国防部的职责进一步扩大。N1567中规定的职责为"批准本单位作为订购单位的标准化规划，并确保其实施"。修正案中规定"批准订购单位的标准化方案和年度计划，并确保其实施"。表明其他国防产品订购单位的标准化计划也由国防部批准。协调有关部门开展标准化工作中，增加了实施国防产品标准化发展的优先方向的职责。

如要对国家军用标准、国家标准的军用补充件、国家军用标准的战时补充件、国家标准的战时补充件、战时国家军用标准、战时国家标准、国防产品标准化规则和建议、国家军用标准中的通用标准中规定的技术方案做出变更，俄罗斯国防部要组织实施对其进行审查。审查程序需要经过俄罗斯国防部批准。审查机构需要从俄罗斯国防部所属的机构中选择。

俄罗斯技术法规和计量局与国防部的职责和权限划分更加清晰。N1567中的规定是"与俄罗斯国防部和国防产品标准化工作的其他参与单位一起，制定国家军用标准中的通用标准和标准化规则"。修正案中的规定是"参与国家军用标准中的通用标准和标准化规则的制定"。N1567中的职责是"根据国防产品标准分类确定的标准化对象，确定国防产品标准化领导和审查机构，并批准上述归口单位的相关制度"。修正案中的规定是"根据与俄罗斯国防部达成的协议确定的标准化对象，并根据国防产品标准化分类，确定国防产品标准化归口单位，批准上述机构的相关制度"。

删除了俄罗斯技术法规和计量局依照规定的程序邀请标准化领域专家，进行国家军用标准的草案审查的工作职能。

对俄罗斯技术法规和计量局修改、修订或废止相关军用标准做出规定。要求俄罗斯技术法规和计量局在修改、修订或废止国家间标准的军用补充件、国家标准的军用补充件、军民通用的国家间标准和国家标准、国家间标准、国家标准、行业标准和信息技术手册规定的国防产品标准化文件时，应按照国家军用标准中的通用标准和国防产品标准化规则执行措施。

拓展了俄罗斯工业和贸易部、国防订购单位、国家原子能公司和国家航天公司的工作职责。增加了"参与通用基础国家军用标准和标准化规则、建立标准化工作的规划、制定、修订、变更、批准（通过）和废止、推行和使用国防产品标准化文件程序的标准化工作规划程序，以及编写和管理这些文件资源、出版并提供信息保障等方面的工作"的职责。

删除了船舶制造国家科研中心的工作职责。N1567中，船舶制造国家科研中心主要承担了行业标准的转化和管理职能，现已将此部分职能作为"国防工业综合体系内的机构"的职能。行业标准的转化和管理在国防产品标准化工作中的突出性逐渐降低。

武器装备科研生产单位的职责和作用得到提升，其职能为"武器、军用装备、特种设备制造的主要设计单位以及优先技术领域的归口单位，应协商规定业务领域标准化对象的标准化程序。"

除此之外，还有一些其他修改，例如，对国防产品标准化对象，在原有的国防产品、过程、工作和管理系统等的基础上，增加了军事基础设施项目。又如，在修正案中，国家间标准进一步弱化，国家间标准不再作为制定标准化规划的依据等。

第八节　国防产品标准化条例的特点小结

俄罗斯以发展战略牵引标准化法规制度的制定和完善。俄罗斯的标准化发展战略中，标准化法律法规的调整是一项重要内容。在国家标准化体系发展纲要和构想的指导下，国家标准化法和国防产品标准化条例多次修订。《措施方案》的第一个方面即提出："完善标准化领域的法规调整和标准化方法"。《国防产品标准化条例修正案（N1927）》正是在这一背景下制定和颁布的。

俄罗斯国防产品标准化的目标更加聚焦。从N750的6条扩展到N822的9条，再缩减到N1567的4条，俄罗斯国防产品标准化工作聚焦到四个方面，即：保证国防和国家安全；保障军工系统中技术政策统一和遵守法律；保证国防产品的质量和可靠性及其竞争力；推动军事技术创新发展和国防工业单位升级改造。

俄罗斯国防产品标准化对知识产权重视程度提高。在以往的国防产品标准化政策文件中对知识产权几乎没有提及，在N1567中，增加了保障组织合法利益和遵守知识产权的要求，提出国防产品标准化发展原则之一是尊重知识产权。使用列入《国防产品标准化文件目录》的企业标准和技术规范时，须遵守知识产权保护法。行业标准转换也要按照俄罗斯《知识产权保护法》开展相关工作。

俄罗斯国防产品标准更新和发布频率在加快。N822规定，采用（批准）、修改和取消《国家军用标准目录》中所列文件的信息每3个月发出一次，《国防产品标准化文件目录》中所列文件的信息每6个月发出一次。N1567不再规定《国家军用标准目录》的更新周期，加快了《国防产品标准化文件目录》的更新频率，规定纳入该汇编的文件信息，发布频率不少于每3个月1次。

俄罗斯国防产品标准化拓宽了经费渠道和用途。N1567规定，除国家经费外，国防产品标准化工作经费支持还包括相关参与方的国有企业（含下属的单位）的自有资金和标准化领域行使管理职能、负责指导和管理工作的联邦政府机构的联邦预算拨款。经费资助范围涵盖了标准化科研、标准制定、标准贯彻实施和标准化信息资源的管理。俄罗斯国家标准化战略提出，在一年内所批准的标准中，依靠预算外资金和自有资金、中小型企业资助制定的标准所占份额增加到75%。

第四章　俄罗斯国防产品标准化工作运行体系

俄罗斯标准化工作由国家政府统一领导。俄罗斯技术法规和计量局隶属于工业和贸易部，是俄罗斯的国家标准化机构，全面管理俄联邦标准化、计量与技术法规及合格评定工作。俄罗斯国防部是政府的一个部门，执行国防产品标准化制定工作的国家订购职能。国防订购单位、国防产品标准化归口单位、标准化基层单位和军代表系统共同构成了国防产品标准化工作运行体系。俄罗斯国防产品标准化工作体系见图4-1。

第一节　俄罗斯国防部

俄罗斯国防部是政府的一个部门，执行国防产品标准化制定工作的国家订购职能，具体负责单位为俄罗斯国防部武装力量装备局。其职责包括执行国防产品标准工作的国家订购职能；编制标准化长期和近期规划，批准军用产品标准项目和年度计划并检查其执行情况，建议国家标准编制项目；协调国防产品标准国防订购单位的活动；完成《国防产品标准化文件目录》和指南的编制、出版和发行工作；与俄罗斯技术法规和计量局，以及与国防产品标准工作的其他参与者一起完成通用基础类国家军用标准的编制；编制国防产品（单一种类产品的分组和工作的形式）标准化归口单位的审查制度；组织国防产品标准化信息中心的活动，批准信息中心制度；检查国防产品标准的编制、贯彻和使用等。

为确保完成国防产品标准化工作，国防部需要履行的职责是[6]：

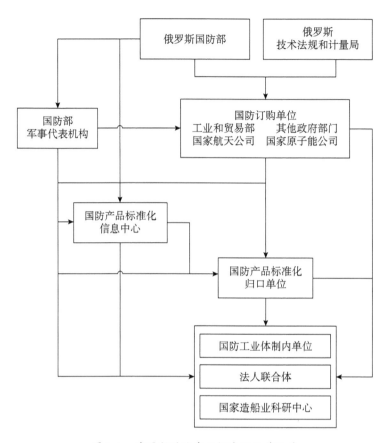

图 4-1　俄罗斯国防产品标准化工作体系

（1）建立和管理国防产品标准化文件资源库中"国防产品标准分类"和部分"对装备和军事技术统一要求体系中的规范性技术文件"，并批准上述两类文件。

（2）行使订购单位的国防产品标准化文件资源库中部分标准化文件的更新工作职能，主要有：国家间军用标准、国家军用标准、国家军用标准的战时补充件、战时国家军用标准、国防产品标准化规则和建议、国防产品标准分类、对装备和军事技术统一要求体系中的规范性技术文件和国家军用标准中的基础标准中的文件；国家间标准的军用补充件和国家标准的军用补充件。

（3）与技术法规和计量局、国防产品标准化工作其他参与单位一起，制定通用基础国家军用标准和标准化规则，规定国防产品标准化文件的规划、制定、审查、变更、批准（颁布）和废止、实施和使用的程序，建立和管理国防产品标准化文件资源库，以及提供信息保障。

（4）对标准化文件的编制（变更、审查）进行规划，批准本单位作为订购单位的标准化规划（大纲），批准《标准化年度计划》，并确保计划的实施；开展联邦政府机构、国家原子能公司和国家航天公司之间在国防产品标准化领域活动的跨部门协调，包括进行规划、信息保障，并按照条例建立、管理、更新国防产品标准化文件资源库。

（5）每年3月1日前，向俄罗斯政府提交《国防产品标准化年度报告》，内容包括《标准化年度计划》和《标准化规划》的实施情况，国防产品标准化文件资源库的更新成果，以及对国防产品标准化工作进行完善的建议。

（6）与俄罗斯技术法规和计量局一起，制定和批准《国防产品标准化文件目录》及更新。

（7）指导《国防产品标准化文件目录管理手册》变更，以及这些文件的颁布和发行。

（8）制定和批准国防产品标准化归口单位的制度。

（9）协调国防产品标准化归口单位的标准化对象。

（10）研究批准国防产品标准化归口单位的建议书。

（11）为国防产品标准化信息中心的活动提供保障，批准该信息中心的制度。

（12）对国防产品标准化文件制定、实施和使用进行监督，包括评估相似产品的合格性。

（13）制定国防产品标准化工作的管理办法。

第二节　俄罗斯技术法规和计量局

俄罗斯技术法规和计量局是其国家标准化机构，全面管理俄罗斯标准化、计量与技术法规及合格评定工作。为确保完成国防产品标准化工作，俄罗斯技术法规和计量局的主要职责如下[6]：

（1）建立和管理国防产品标准化文件资源库中的国家间军用标准、国家军用标准、国家间标准的军用补充件、国家标准的军用补充件、国家军用标准的战时补充件、国家标准的战时补充件、战时国家军用标准、战时国家标准、军民通用的国家间标准和国家标准、国家间标准、国家标准的信息技术手册，国防产品标准化规则和建议、联邦技术经济和社会信息分类、国家供应品统一编目系统标准和国家军用标准中的通用基础标准。

（2）行使订购单位职能，完成国防产品标准化文件资源库中国家标准的战时补充件、国防产品标准化规则和建议、部分国家供应品统一编目系统标准的更新工作（服务）。

（3）组织对国家军用标准、国家标准的军用补充件、国家军用标准的战时补充件、国家标准的战时补充件、战时国家军用标准、战时国家标准、国防产品标准化规则和建议、国家军用标准中的通用基础标准规定的文件及其变更进行审查，编制相应的文件提交审批（审查），以及进行文件的批准（颁布）和废止。

（4）负责批准国家间军用标准、国家间标准的军用补充件、军民通用的行业标准和国家间标准及其变更在俄罗斯境内的生效和废止。

（5）与俄罗斯国防部协调，废止或更新国家间标准的军用补充件、国家标准的军用补充件和军民通用的国家间标准等。

（6）与俄罗斯国防部和国防产品标准化工作的其他参与单位一起，制定通用基础国家军用标准和标准化规则，规定国防产品标准化文件的规划、制定、审查、变更、批准（颁布）和废止、推广及使用程序。

（7）研究和采纳国防产品标准化归口单位的建议书。

（8）协调标准化规划和年度计划，评估国防产品标准化与国家标准化的规划和计划的一致性，避免与国家标准化体系中的文件存在重复。

（9）在国防产品标准化方面与俄罗斯国防部、其他联邦政府机构、国家原子能公司和国家航天公司进行跨部门配合。

（10）每年2月1日前，在条例规定的职责范围内向俄罗斯国防部提交国防产品标准化工作成果、《标准化年度计划》和《标准化规划》的实施情况、国防产品标准化文件资源库的更新成果，以及对国防产品标准化工作进行完善的建议，用于编制《国防产品标准化年度报告》。

（11）编制和批准《国防产品标准化文件目录》的单独章节及其变更，包括的标准类型有国家间军用标准、国家军用标准、国家间标准的军用补充件、国家标准的军用补充件、国家军用标准的战时补充件、国家标准的战时补充件、战时国家军用标准、战时国家标准、军民通用的国家间标准和国家标准、国防产品标准化规则和建议、联邦技术经济和社会信息分类、国家供应品统一编目系统标准和部分通用基础国家军用标准。

（12）确定国防产品标准化归口单位和审查单位，并根据国防产品标准分类确认对应的标准化对象，批准上述归口单位的制度。

（13）依照规定程序邀请标准化领域专家，开展国家军用标准的审查。

（14）组织建立和管理部分国防产品标准化文件目录并提供信息保障。主要有两类文件：一是俄罗斯政府、联邦政府机构、国家原子能公司和国家航天公司规范性文件中引用的国家军用标准和信息技术参考书；二是国家间标准的军用补充件、国家标准的军用补充件、国家标准的战时补充件、军民通用的国家间标准和国家标准、国家间标准和国家标准信息技术手册规定的国防产品标准化文件的引用文件。

（15）对国防产品标准化文件的编制、变更进行规划，审查国防产品标准化文件，批准本单位作为订购单位的标准化规划，并确保计划实施。

（16）确保实施俄罗斯技术法规和计量局权限范围内的《标准化年度计划》。

（17）组织对国防产品标准化问题进行方法跟进。

（18）确定俄罗斯技术法规和计量局国防产品标准化工作的组织办法。

俄罗斯技术法规和计量局

依据俄罗斯政府2004年7月17日颁布的第294号决议（取代2004年4月8日第194号决议），自2004年8月起，俄罗斯技术法规和计量局取代俄罗斯国家标准化、计量与认证委员会，作为ISO正式成员代表俄罗斯参加ISO活动。

俄罗斯技术法规和计量局的主要职责是：履行国家标准化机构的职能；保障计量一致性；执行对认证机构和检测实验室（中心）的认可工作；对技术法规要求和强制标准要求的遵守情况进行全国性的控制（监督）；建立和维护技术法规和标准的联邦信息体系，以及技术监督的统一信息体系；为联邦产品分类体系的维护提供组织和方法指导；对因违反技术法规要求而造成损失的行为，采取相关行动；在质量领域为维护俄罗斯政府的权益提供组织和方法保障；在标准化、技术监督和计量领域提供全国性服务。

标准化方面，俄罗斯技术法规和计量局负责组织制定、审查与批准发布国家标准；发布实施俄罗斯技术经济与社会信息分类（标准）并进行维护管理；审查批准国家标准编制计划；组织对国家标准的审查工作；对国家标准，标准化规范、规则和建议进行登记；组建标准化技术委员会并对其活动进行协调；组织国家标准的出版发行；参与国际标准的制定活动；批准符合国家标准的合格标志；管理及维护的还有联邦技术法规与标准信息库等。

俄罗斯技术法规和计量局隶属于联邦工业和贸易部。可直接行使标准化职能，也可以通过其跨行政区的区域管理机构（地方管理局）、标准服务站行使标准化职能，还可以通过其他联邦政府机构、地方自治机构、社团组织及其他联邦技术机构开展标准化活动。该局实行局长负责制，局长经联邦工业和贸易部部长提名，由俄罗斯政府任免；副局长人数由联邦政府确定。总部下设7个局，分别为设备管理局、计量监督局、技术控制和标准化局、信息保障和委托认可管理局、计划预算和国有资产局、国际和区域合作局、事务局。下设地方管理局，标准化、计量与认证科研机构，俄罗斯标准信息中心，标准化、计量与认证学院等教育培训机构，以及不同所有制形式的企业等部门（包括9个试验工厂、1个出版社、2个印刷厂、4所学校），主要承担国家监督检查工作。[9]

跨行政区的地方管理局有7个，分别为：

（1）中心区管理分局（分局中心设在莫斯科）；

(2)西北区管理分局(分局中心设在圣彼得堡);

(3)南方区管理分局(分局中心设在顿河罗斯托夫);

(4)伏尔加河区管理分局(分局中心设在下诺夫哥罗德);

(5)乌拉尔区管理分局(分局中心设在叶卡捷琳堡);

(6)西伯利亚区管理分局(分局中心设在新西伯利亚);

(7)远东区管理分局(分局中心设在哈巴罗夫斯克)。

标准服务站是专门设置的从事标准工作的组织或机构,在特定层面管理国家及行业标准。

俄罗斯技术法规和计量局组织系统的组织架构见图4-2。

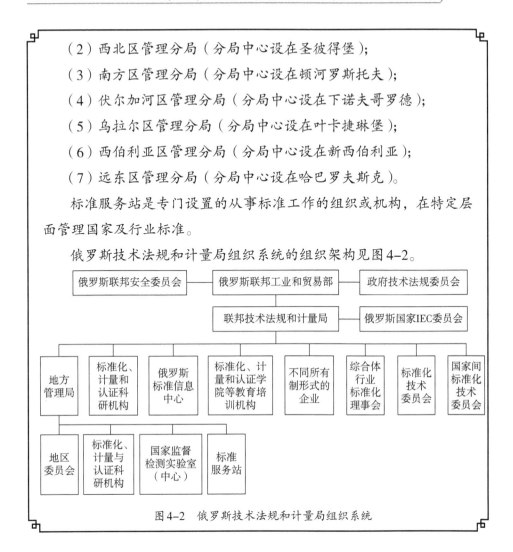

图4-2 俄罗斯技术法规和计量局组织系统

第三节 国防订购单位

国防订购单位在国防产品标准化工作中扮演着重要的角色。根据《国防产品标准化条例(N1567)》规定,承担俄罗斯国防产品标准化订购单位的主要部门有工业和贸易部、其他联邦政府机构、国家原子能公司和国家航天公司。国防订购单位的主要职责如下[6]:

(1)确保国防产品标准化工作的开展;

（2）建立和管理国防产品标准化文件资源库中行业军用标准、行业标准的军用补充件、行业军用标准的战时补充件、行业标准的战时补充件、战时行业军用标准、战时行业标准、军民通用的行业标准、行业标准和企业标准；

（3）对国家间军用标准和国家军用标准规定的文件更新工作；

（4）完成国防产品标准化文件资源库的更新工作，包括行业军用标准、行业标准的军用补充件、行业军用标准的战时补充件、战时行业军用标准、战时行业标准、军民通用的行业标准、国家标准的战时补充件、行业标准和企业标准；

（5）批准（颁布）行业军用标准、行业标准的军用补充件、行业军用标准的战时补充件、行业标准的战时补充件、战时行业军用标准、战时行业标准、军民通用的行业标准、行业标准及国家原子能公司和国家航天公司的企业标准的变更和废止；

（6）对国防产品标准化文件制定、审查、变更进行规划，批准本单位作为订购单位的标准化规划，并保证军用产品的标准化规划和年度计划的实施；

（7）与俄罗斯国防部、技术法规和计量局、其他联邦政府机构进行跨部门配合；

（8）每年2月1日前，在条例规定的职责范围内，向俄罗斯国防部提交国防产品标准化规划和年度计划实施工作成果；

（9）更新军用产品标准化文件资源库成果，提交完善国防产品标准化工作建议书，用于编制《国防产品标准化年度报告》；

（10）研究国防产品标准化归口单位在《标准化年度计划》中加入标准化措施的建议书，并依规做出决定；

（11）协调国防产品标准化归口单位提交的《国防产品标准化文件目录》章节及目录变更的建议；

（12）与俄罗斯国防部进行协调，在条例规定的职责范围内，按照行业颁布和发行《国防产品标准化文件目录》的有关章节及对目录的修订；

（13）确定国防产品标准化归口单位，与俄罗斯国防部协调并按照国防产品标准分类法确认相应的标准化对象，批准上述归口单位的制度；

（14）俄罗斯工业和贸易部与俄罗斯国防部协调后，基于联邦政府机构、国有企业和法人联合会的建议书，结合国防产品标准化归口单位的意见，决定将行业标准资源库（部分行业标准综合体或库）中涉及行业军用标准、行业标准的军用补充件、行业军用标准的战时补充件、行业标准的战时补充件、战时行业军用标准、战时行业标准、军民通用的行业标准、行业标准移交给国有企业、法人联合会或者国家造船业科研中心，后续建立和管理上述行业标准资源库。

根据规定的标准化对象和国防产品准化文件，国防产品标准化归口单位负责：

（1）开展国防产品标准化领域的科学方法保障工作；

（2）按照国防产品标准化归口单位的制度，负责国防产品标准化文件的制定、审查和变更；

（3）开展国防产品标准化文件资源库的建立和管理工作；

（4）按照通用基础国家军用标准的要求，正式出版发行国防产品标准化文件；

（5）提出建议并提交给国防产品标准化信息中心；

（6）按照行业编制《国防产品标准化文件目录》有关章节及该目录的变更，并与俄罗斯工业和贸易部、国家原子能公司和国家航天公司协调；

（7）对于国家军用标准引用、登记入《国防产品标准化文件目录》中的标准，按照《标准化法》规定的程序，参与标准制定、审查、变更和废止工作，提出对上述标准的处理意见；

（8）通知提交申请书的法人做出的决定；

（9）参与标准化技术委员会的工作。

第四节　国防产品标准化归口单位

根据标准化对象和文件类型，俄罗斯国防产品标准化设置相关的技术归口单位。其主要职责如下[6]：

（1）为国防产品标准化工作提供科学的方法指导；

（2）按照国防产品标准化归口单位制度，负责国防产品标准化文件的制定、审查和变更；

（3）开展国防产品标准化文件资源库的建立和管理工作；

（4）按照通用基础国家军用标准的要求，正式出版发行国防产品标准化文件；

（5）编制国防产品标准化建议书并提交给国防产品标准化信息中心；

（6）按照行业编制《国防产品标准化文件目录》有关章节及该目录的变更，并与俄罗斯工业和贸易部、国家原子能公司和国家航天公司协调；

（7）对于国家军用标准引用的标准、登记进入《国防产品标准化文件目录》中的标准，按照《标准化法》规定的程序，参与标准的制定、审查、变更和废止，提出对上述标准的意见；

（8）向标准化项目建议书的提交单位反馈建议书是否获批；

（9）参与标准化技术委员会的工作。

关于标准化归口单位

标准化归口单位是俄罗斯技术法规和计量局授权的机构，旨在对国防产品标准化提供科学的方法指导，制定标准化规划和计划，保存行业标准化文件原件、副本和案卷，按照国防产品类型或者相关国防订购工作参与单位的需求对国防产品标准化文件实施信息保障和发行。2009年11月20日，俄罗斯技术法规和计量局第4172号令任命了国防产品标准化的归口单位：

（1）国家企业"俄罗斯机器制造标准化和认证科学研究院"（ВНИИНМАШ）为全部国防产品标准的参与单位，以及国防产品标准化设计文件统一体系、研制和交付生产统一体系等公用技术和组织–方法标准的归口单位；

（2）国家企业"标准信息"为术语领域的参与单位及归口单位；

（3）国家企业"俄罗斯物理-技术和无线电测量科学研究院"（ВНИИФТРИ）为物理-技术测量领域的参与单位及归口单位。

第五节　国防产品标准化信息中心

国防产品标准化信息中心的主要职责如下[6]：

（1）组织编制《标准化年度计划》并监督其实施；

（2）编制国防部制定的标准化规划；

（3）《标准化规划》获批后对规划进行登记；

（4）组织《国防产品标准化文件目录》及目录变更的编制、出版和发行；

（5）组织评估能否用国家标准和国家间标准代替国家间标准的军用补充件、国家标准的军用补充件和军民通用的国家间标准和国家标准，以及能否将企业标准用作国防产品标准化文件；

（6）管理国防产品标准化归口单位的名单，依法建立并管理移交给国有企业、法人联合会、国家造船业科研中心的行业标准资源库的单位名单，并将上述名单中的信息提供给国防产品标准化工作参与单位。

第六节　国防工业体系内单位

国防工业体系内单位的主要职责如下[6]：

（1）根据需要编制申请书，将标准化措施纳入《标准化年度计划》，并上报国防产品标准化归口单位；

（2）开展国防产品标准化工作；

（3）在实施《标准化规划》和《标准化年度计划》时，作为执行单位

（联合执行单位）参与标准化工作；

（4）按照通用基础国家军用标准规定的程序，参与国防产品标准化文件的协调工作。

俄罗斯的国防工业体系

俄罗斯继承了苏联70%以上的军工企业、80%的科研能力、85%的军工生产设备和90%的科技潜力，国防工业体系庞大，基础雄厚，门类齐全。从武器装备的部门结构上看，除了生产核武器、生物武器和化学武器的部门外，俄罗斯国防工业体系可分为九大门类：第一类是生产各种作战车辆的企业；第二类是生产炮兵武器的企业；第三类是生产步兵武器的企业；第四类是生产火箭和导弹武器系统的企业；第五类是生产通信和信息系统的企业；第六类是生产弹药和弹头的企业；第七类是生产空战武器的企业，包括军用飞机和直升机；第八类是生产海战武器的企业，包括航空母舰；第九类是生产航空器材的企业。

从所有制上看，可以分成三类：第一类是生产军品为主的国有企业，资金来源以国家投入为主；第二类是军民品并重的国家参股公司，国家投入资金30%以下；第三类是完全私有化的公司，政府根据合同拨款。

第七节　法人联合体

法人联合体不含国有企业、国家原子能公司和国家航天公司。法人联合体（国有企业）的主要职责如下[6]：

（1）确定法人联合体（国有企业）内接受行业标准资源库的企业，这些企业负责建立和管理移交给该法人联合体的行业标准资源库，并将行业标准转化为企业标准资源库；

（2）组织建立和管理国防产品标准化文件资源库中法人联合体（国有企业）负责的国防产品标准化文件部分；

（3）按照通用基础国家军用标准规定的程序，负责出版和发行法人联合体（国有企业）负责的国防产品标准化文件；

（4）按照行业编制《国防产品标准化文件目录》的个别章节及目录的变更，并与俄罗斯工业和贸易部协调；

（5）与国防产品标准化归口单位和国防产品标准化信息中心配合，解决建立和管理国防产品标准化文件资源库和《国防产品标准化文件目录》的相关问题。

关于俄罗斯的法人联合体

法人联合体是指企业和企业之间或者企业与事业单位之间依照合伙协议共同经营的形式。相关法人为共同的目的和利益结合在一起。各方按照合伙协议确定各自的权利义务关系，包括出资额、盈余分配、债务承担、退伙和解散等。

俄罗斯军事工业联合体是苏联和俄罗斯生产军事装备、武器弹药的巨型企业联盟，囊括了科研机构、设计局、实验室、试验场和制造企业等所有军工产业链上的节点。除了军用产品，还生产民用产品。军事联合体核心部门包括核武器联合体、航空工业联合体、火箭与航天工业联合体、单兵武器制造联合体、火炮制造联合体、军事造船联合体和坦克装甲联合体。例如，俄罗斯的乌拉尔车辆厂，是当今世界上研制和生产军用、民用机械产品最大的工业企业之一，是俄罗斯武装力量坦克装甲车辆的主要供货企业，是俄罗斯最大的工业联合体之一。

在民用领域，俄罗斯法人联合体的地位和功能也很强大，例如，管道建设联合体（即俄罗斯石油天然气承包商联盟，名称英文缩写为ROGCU），最初由67家专业安装、设计和科学研究等石油和天然气公司组成，后又吸纳了一些天然气生产和经营公司，是当今俄罗斯管道建设行业的一个重要组织。

第八节 国家造船业科研中心

《国防产品标准化条例（N1567）》规定了国家造船业科研中心的责任，在新的条例修正案中，这部分内容已被删除，但相关工作仍由其承担。国家造船业科研中心的主要职责如下[6]：

（1）建立和管理行业标准资源库（部分标准数据资源库、标准综合体）、从行业标准转化为国家科研中心企业标准资源库；

（2）按照行业组织编制标准化文件目录、目录中与科研中心相关的标准化文件的变更，并与俄罗斯工业和贸易部协调；

（3）与国防产品标准化归口单位和国防产品标准化信息中心配合，解决国防产品标准化文件资源库、《国防产品标准化文件目录》的建立和管理问题。这项职责与法人联合体的职责相同。

国家造船业科研中心

国家造船业科研中心即克雷洛夫中央造船研究院，1944年以克雷洛夫院士的名字命名，是俄罗斯的重要造船科研机构。研究院于1894年在圣彼得堡中心区的"新荷兰"岛上建立。研究院大楼于1936年始建，位于列宁格勒（原圣彼得堡）南郊。研究院占地78公顷，房屋建筑100多座，拥有现代化的试验基地，可以按世界水平进行舰船及海上设施的设计和建造，主要从事船舶设计和水动力研究和试验。现研究业务已扩大到船舶科学领域的各学科。

其标准化能力在国防工业部门中实力靠前，在行业标准转化工作中发挥了归口作用。

第九节　国防产品标准化工作运行体系的特点小结

俄罗斯国防产品标准化明确了军民一体的组织管理体系。俄罗斯标准化工作由国家政府统一领导。俄罗斯技术法规和计量局是俄罗斯的国家标准化机构，全面管理俄联邦标准化、计量与技术法规及合格评定工作。在国防产品标准化方面，俄罗斯国防部为国防产品标准化文件制定了长期和近期规划；批准军用产品标准化计划和年度计划；编制、批准、出版和发布《国防产品标准化文件文件目录》；批准、出版和发布通用技术要求系统中的标准技术文件；组织国防产品标准化信息中心的活动并履行其他职能。

联邦技术法规和计量局作为国家标准化机构，负责协调军用产品标准化的年度计划；编制目录、出版和发布目录；批准和废除国家军用标准；出版和发布已列入目录的国防产品标准化文件；确定国防产品标准化归口单位和国防产品标准化专家组织。

俄罗斯国防部对国防产品标准化负主要责任。从工作职责中可以看出，作为国防产品的主要订购单位，俄罗斯国防部是国防产品标准化的主责单位。首先，在本标准对于俄罗斯标准化工作组织的规定中，俄罗斯国防部在排序上位于联邦技术法规和计量局之前。从《国防产品标准化条例》的规定可知：每年2月1日前，联邦技术法规和计量局、工业和贸易部要向国防部提供国防产品标准化年度报告相关信息。3月1日前，俄罗斯国防部向联邦政府提交《国防产品标准化年度报告》。在国防产品标准化中，作为纯军事用途的军用产品，其标准化工作由国防部主管。《军用产品标准化年度计划》的批准由俄罗斯国防部完成，联邦技术法规和计量局参与协调。除国防部外，俄罗斯政府机构、国家原子能公司和国家航天公司作为国家订购单位，也承担部分国防产品标准化工作。

第五章 俄罗斯国防产品标准化文件体系

第一节 国家标准化文件类型

俄罗斯标准体系复杂但具有一定的继承性。《技术法规法》中明确规定了联邦境内所使用的标准化文件,具体如下。

一、国家标准

俄罗斯国家标准主要包括:

(1)苏联国家标准;

(2)苏联解体后制定的独联体国家标准;

(3)等同采用的原经互会标准;

(4)等效或等同采用的国际标准化组织和国际电工委员会制定的标准;

(5)苏联俄罗斯加盟共和国的标准;

(6)苏联解体后俄罗斯制定的国家标准。

经互会简介

经互会是一个由社会主义国家组成的政治经济合作组织。其前身是1949年1月5—8日,苏联、保加利亚、匈牙利、波兰、罗马尼亚、捷克斯洛伐克等6国代表在莫斯科通过会议磋商后宣布成立的"经济互助委员会"。

二、标准化规则和建议

规定标准化领域内开展工作的要求和建议的文件。

三、联邦技术经济和社会信息分类

联邦技术经济和社会信息分类属于标准文件，根据技术经济和社会信息进行分类（按类、组、形式等）。当建立国家信息系统和信息源，各部分间进行信息交换时，此分类是强制执行的文件。

有关联邦技术经济和社会信息分类法的政府文件有：2003年9月25日，俄罗斯政府第594号文件《关于国家标准和联邦技术经济和社会信息分类法的发布》；2003年11月10日，第677号文件《社会经济领域联邦技术经济和社会信息分类法》；2005年8月4日，第493号文件《关于第677号文件的登记变更》。

四、团体标准

由商业组织、公共组织、科技组织、独立组织和法人协会等团体独立制定并发布的标准。

从标准的分类上来讲，俄罗斯标准可分为基础标准、产品标准（包括服务）、工艺标准（包括工装）和方法标准。俄罗斯国家标准采用19个俄文字母作为分类号，各字母代号及其标准分类内容见表5-1。

表5-1 俄罗斯国家标准分类表

代号	类别	代号	类别
А	矿山业、矿产	Б	石油产品
В	金属及其制品	Г	机械、设备与工具
Д	运输工具及包装材料	Е	动力与电工设备
Ж	建筑及建筑材料	И	陶土硅酸盐、碳素材料及其制品
К	木材、木制品、纸浆、纸张、纸板	Л	化工产品及石棉橡胶制品

续表

代号	类别	代号	类别
M	纺织和皮革材料及其制品、化学纤维	H	食品及调味品
П	测量仪表、自动化设施和计算技术	P	卫生保健、卫生和保健用品
C	农业和林业	T	组织方法和通用技术标准
У	文化生活用途制品	Ф	原子技术
Э	电子技术、无线电电子学和通信		

俄罗斯国家标准分类表与联邦技术经济和社会信息分类相一致。关于经济和社会信息分类，联合国制定了专门的文件，名称为《全部经济活动国际标准行业分类》(International Standard Industrial Classification Activities)，简称为《国际标准行业分类》，建议各国采用。在我国，国民经济和社会信息分类对应的国家标准是GB/T 4754《国民经济行业代码表》，1982年发布时分成15个大类、62个中类和222个小类，2017版分成20个门类、97个大类、473个中类和1380个小类，涵盖了我国国民经济的所有行业。

第二节 国防产品标准化文件类型

俄罗斯国防产品标准化文件目前分为24个类型，涵盖了在俄境内，规定用于国防产品及其设计、生产、建造、安装、调试、使用、储存、运输、销售、处置和报废等过程的标准文件。国防产品标准化体系中采用的标准包括国家间标准、国家标准、行业标准以及企业标准。军用标准为强制性标准，在国防订购产品相关工作中采用俄境内的非军用标准需要经过国防产品的国防订购单位认可。

第一类是国家间军用标准，标准代号为"ГОСТ В"，是由国家间机构或国家间标准化组织授权采用的标准,该标准规定军用产品要求和军用产品研发、生产、建造、安装、使用、维修、贮存、运输、销售、回收利用和报废过程的要求。

> **关于俄罗斯的国家间标准（ГОСТ）**
>
> 苏联时期,ГОСТ曾经是苏联标准的代号。1991年苏联解体,随即成立独联体国家（独联体）,1992年3月13日,独联体国家政府首脑理事会签署《关于在标准化、计量与认证领域实施协调统一政策的协议》。该协议规定,保留苏联国家标准并将其转为独联体跨国标准,仍沿用ГОСТ标准代号;决定设立跨国标准化、计量与认证委员会（MIC）,其任务是制定统一的技术政策和方针,协调工作。独联体所有12个成员国的国家标准化、计量与认证主管机构领导人为其成员。除原有的2.5万个ГОСТ标准外,跨国标准化委员会自成立以来,又组织制修订了3000多项跨国标准。至此,完成了过渡时期的标准化转制工作。俄罗斯国家标准的编号为ГОСТ Р,国家军用标准的代号改为ГОСТ РВ。

第二类是国家军用标准,标准代号为"ГОСТ РВ",是由俄罗斯技术法规和计量局采用或批准的标准,规定军用产品要求和军用产品研发、生产、建造、安装、使用、维修、贮存、运输、销售、回收利用和报废过程的要求。

第三类是行业军用标准,标准代号为"ОСТ В",于2003年7月1日前由联邦政府机构在其职责范围内采用或批准的标准,规定了军用产品要求和军用产品研发、生产、建造、安装、使用、维修、贮存、运输、销售、回收利用和报废过程的要求。

第四类是国家间标准的军用补充件,标准代号为"ГОСТ",并在标准首页"正式版"下方标注"★★"字样,其军用补充件的代号为"ГОСТ ВД"。国家间标准的军用补充件若仅在俄罗斯境内有效,则标准代号为"ГОСТ Р ВД"。

第五类是国家标准的军用补充件,标准代号为"ГОСТ Р",并在标准首页"正式版"下方标注"★★"字样,军用补充件的代号为"ГОСТ Р ВД"。

第六类是行业标准的军用补充件,标准代号为"ОСТ",通常还在标准首页"正式版"下方标注"★★"字样,军用补充件的代号为"ОСТ ВД"。

标准的军用补充件是由授权机构采用或批准的标准化文件,用于使用国防产品相关文件时对国家间标准、国家标准或行业标准补充军用要求。

第七类是国家军用标准的战时补充件,标准代号为"ГОСТ В""ГОСТ РВ",并在标准首页"正式版"下方标注"О"字样,战时补充要求标准的代号中,登记年份之后补加大写字母"ВД",即"ГОСТ В…ВД""ГОСТ РВ…ВД"。

第八类是国家标准的战时补充件,标准代号为"ГОСТ""ГОСТ Р",并在标准首页"正式版"下方标注"О"字样,战时补充件的代号中,登记年份之后补加大写字母"ВД",即"ГОСТ…ВД""ГОСТ Р…ВД"。

第九类是行业军用标准的战时补充件,标准代号为"ОСТ В",通常还在标准首页"正式版"下方标注"О"字样,战时补充的行业军用标准的代号中,登记年份之后补加大写字母"ВД",即"ОСТ В…ВД"。

第十类是行业标准的战时补充件,标准代号为"ОСТ",通常还在标准首页"正式版"下方标注"О"字样,战时补充件的代号中,在登记年份之后补加大写字母"ВД",即"ОСТ…ВД"。

上述标准是标准的战时补充件,单独形成一份文件,由授权机构采用或批准,其中包括国家军用标准或行业军用标准以及国家标准或行业标准的已变更要求,变更后的要求旨在提高战时军用产品的生产能力。

第十一类是战时国家军用标准,标准代号为"ГОСТ В""ГОСТ РВ",并在登记年份之后补加大写字母"В",即"ГОСТ В…В""ГОСТ РВ…В"。

第十二类是战时国家标准,标准代号为"ГОСТ""ГОСТ Р",并在登记年份之后补加大写字母"В",即"ГОСТ…В""ГОСТ Р…В"。

第十三类是战时行业军用标准,标准代号为"ОСТ В",并在登记年份之后补加大写字母"В",即"ОСТ В…В"。

第十四类是战时行业标准,标准代号为"ОСТ",并在登记年份之后补加大写字母"В",即"ОСТ…В"。

战时标准主要规定战时对国防产品的要求以及国防产品研发、生产、操作、维修、贮存、运输、销售、回收利用、报废以及按特殊指示使用的原则和规范。例如,对于某些舰船按照军用标准制造时,其某个结构部件单独连接需要6个铆钉,而按照战时标准,为了装备尽快投入使用,可以只使用4个铆钉连接,即可满足战时的要求。

第十五类是军民通用的国家间标准和国家标准,标准代号为"ГОСТ""ГОСТ Р",并在标准首页"正式版"下方标注"★"字样。

第十六类是军民通用的行业标准,标准代号为"ОСТ",并在标准首页"正式版"下方标注"★"字样。

这两类标准可以理解为是军民通用类的标准。俄罗斯标准的军民属性是明确的,各类标准从编制计划开始就已经确定了其军民属性,包括军用标准、军民通用标准和民用标准三类。军用标准为国防产品或武器装备专用标准,其在标准编号中的标记字符为"В";军民通用标准主要规定国防产品和民用产品需要共同遵守的条款;民用标准为民用产品专用标准。

行业标准、行业标准军用补充件和战时补充件编号

如前文所述,对于军民通用的行业标准,当国防产品有特殊要求时,通过编制军民通用标准的军用补充件来满足国防特殊要求,在标准编号中的字符为"В Д"。"В Д"字符在标准数字序号之前的为军用补充件,补充内容为国防产品专用要求;"В Д"在标准批准年号之后的为战时补充件,补充内容为战时国防产品快速装备部队而进行的管理和技术调整要求。

例如,ОСТ 5.5571-87**《全船系统附件·通用技术条件》是军

> 民通用标准，ОСТ ВД 5.5571-87《全船系统附件·通用技术条件》是其军用补充件，ОСТ 5.5571-87 ВД《全船系统附件·通用技术条件》是通用标准及其军用补充件的战时补充件。
>
> 用"*"或"★"标识军用补充件和战时补充件，不同历史时期略有不同，ОСТ 5.5571-87发布于1987年，其军用补充件的标识为军民通用标准的编号后增加"**"字符，而不是本文所述的"在标准首页'正式版'下方标注'★★'字样。"在2015年颁布的通用基础国家军用标准中，则是以"★"来表示。

第十七类国家间标准、国家标准、行业标准和信息技术参考书。

第十八类是企业标准、技术规范（同企业标准类型）。

第十九类是国防产品标准化规则和建议。其代号中标有"ПРВ""ПВС""РВ""РВС"或"ПР""Р"，标准首页"正式版"下方标有"★"字样，包括执行国防订单时认为适用的标准化和编目领域的规则（准则）和指南。

第二十类是国防产品标准的分类，俄罗斯国防部批准的国防产品标准化文件，其概念可参见附录2。标准分类和代码是标准化工作中的通行做法，为标准化文件确定分类代码和名称，从而方便文件标记、分类、编码、创建目录、选择清单和图书资料以及建立文件数据库。

第二十一类是联邦技术经济和社会信息分类标准，是对俄罗斯技术经济与社会信息进行分类编码，在建立国家信息系统和信息资源以及部门间信息交换时，必须采用的规范性文件。联邦技术经济和社会信息分类还可以规定分类对象的子类别名称及代码系统的目录。

第二十二类是国家供应品统一编目系统标准。

第二十三类是各类武器和军事装备通用技术条件，俄罗斯国防部批准的标准化文件，其定义见附录2。通用技术条件和产品规范是俄罗斯国防产品标准化工作中非常重要的两类标准，与我国国家军用标准中的产品规范相类似，主要规定了武器和军事装备系统、配套产品、样机的总体战术技术指标要求和检验方法，是军代表验收装备的主要依据之一。

第二十四类是通用基础国家军用标准，规定军用产品、产品相关的过程和相关标准化对象标准化工作一般规定的国家军用标准。其是与《标准化法》修订相配套的一类标准，这类标准在之前的俄罗斯军用标准中已经存在，只是没有作为单独的一个类别提出，在新的国防产品标准化条例中，一些标准化程序性的要求都由此类文件进行规定。例如，"ГОСТ РВ 0001 国防产品标准化体系"系列标准。

第三节 国防产品标准化文件补充和更新方式

国防产品标准化文件的有关信息主要包含在两份文件中，一份是《国家军用标准目录》，另一份是《国防产品标准化文件目录》。根据每年标准化文件的颁布和废止情况，两个文件会做相应的变更和修订。

《国家军用标准目录》中的信息主要是：国家间军用标准，国家军用标准，国家间标准的军用补充件，国家标准的军用补充件，国家标准的战时补充件，国家军用标准的战时补充件，战时国家军用标准，战时国家标准，军民通用的国家间标准和国家标准，国防产品标准化规则和建议，联邦技术经济和社会信息分类及国家供应品统一编目系统标准的信息。

《国防产品标准化文件目录》中包含的信息除了《国家军用标准目录》中的信息以外，还包括：行业军用标准，含军用补充件的行业标准，含战时补充件的行业军用标准，含战时补充件的行业标准，战时行业军用标准，战时行业标准，军民通用的国家间标准和国家标准，军民通用的行业标准，国防产品标准化规则和建议，国家间标准、国家标准和行业标准，执行国家国防订购时采用的企业标准，国防产品标准的分类和对武器装备的统一技术要求体系规范性文件的信息。

补充和更新国防产品标准化文件的方式如下：

（1）根据国家军用标准、国家军用标准的战时补充件、战时国家军用标准、战时国家标准、国防产品标准化规则和建议、对武器装备的统一技术要求体系规范性技术文件等的相关文件制定标准化文件，以及制定这些文件的更改单。

（2）根据行业军用标准、已制定军用补充件的国家间标准、已制定军用补充件的国家标准、已制定军用补充件的行业标准、已制定战时补充件的国家标准、已制定战时补充件的行业军用标准、已制定战时补充件的行业标准、战时行业军用标准、战时行业标准、军民通用的国家间标准和国家标准、军民通用的行业标准等相关文件制定标准化文件的更改单（视生产情况是否需要而定）。

（3）根据国家间标准、国家标准和行业标准，执行国家国防订购时采用的企业标准，将文件纳入文件目录。

（4）废止失效文件。已列入《国防产品标准化文件目录》和《国家军用标准目录》中的国防产品标准化文件，若未进行修订或废止，其有效期不受限制。由联邦预算出资制定的国防产品标准化文件归联邦所有。参与执行国防订购工作的各种所有权和隶属关系的单位、联邦政府机构及其分支机构均需要根据现行法律采用国防产品标准化文件。使用国家国防订购采用的企业标准文件时，需要考虑俄罗斯有关保护知识产权的法律。

根据俄罗斯法律、法规及标准化文件的发布范围，国防产品标准化文件的强制实施工作，由国防订购单位和相关领域得到授权的联邦政府机构确定。这些领域主要指在安全、国防、对外情报、反外国技术侦察和信息技术保护、原子能使用管理、原子能使用安全监管和国家合同（协议）领域。

对于在俄罗斯境内使用的、未列入《国防产品标准化文件目录》和《国家军用标准目录》的标准化文件是否可以使用的问题，由国防订购单位或国防订购的主要执行单位与国防订购单位协调确定。

俄罗斯国防产品的数量

近些年来，俄罗斯加强了国防产品标准化文件的信息保密工作，公开的渠道未查询到更新的标准数量信息。截止到2011年2月，由俄罗斯技术法规和计量局、国防部和工业部门共同建立的国防产品标准化文件资源库共有标准46000多项。分布见表5-2。

表5-2 国防产品标准化文件资源库[14]

标准类型	数量
国家间军用标准	897
国家军用标准	711
国家间军用标准、国家间军民通用标准、国家军用标准、标准化规则、标准化准则和推荐的军用补充件及战时补充件	1074
战时国家标准	40
标准化规则和建议	73
国家间军民通用标准和国家军民通用标准	8483
国家间秘密标准及国家秘密标准	1000
国家国防订购使用的行业标准及其补充件	14000
与订购单位协调使用的标准	20000
武器和军事装备通用技术条件	585
合计	46863

第四节 国防产品标准化体系的管理文件组成

俄罗斯国防产品标准化体系的管理文件主要由国防产品标准化体系通用基础标准、国防产品标准化分类规则、国防产品标准化文件目录、国家军用标准目录、国防产品标准化文件目录管理手册、国家军用标准目录管理手册、国防产品标准分类、国防产品标准化归口单位的制度和国防产品标准化信息中心制度组成，见表5-3[15]。

表5-3 国防产品标准化体系的管理文件组成

文件代号	文件名称
通用基础标准	
ГОСТ РВ 0001-001	国防产品标准化体系 基本规定
ГОСТ РВ 0001-002	国防产品标准化体系 国防产品标准化工作的规划 基本规定
ГОСТ РВ 0001-003	国防产品标准化体系 国家军用标准 制定、通过、更新、废止 基本规定
ГОСТ РВ 0001-004	国防产品标准化体系 国防产品标准化文件 信息保障和发布程序
ГОСТ РВ 0001-005	国防产品标准化体系 国防产品标准实施程序
ГОСТ РВ 0001-006	国防产品标准化体系 术语和定义
ПВС 国防产品标准化分类规则	国防产品标准化体系 国防产品标准化文件资料库的建立和管理程序
	国防产品标准化体系 国家通用标准实施程序
	国防产品标准化体系 国家标准的应用程序
	国防产品标准化体系 企业标准实施程序
	国防产品标准化体系 国家军用标准审查程序
	国防产品标准化体系 国家间军用标准、国家间标准和补充 更新和废止的特点
	国防产品标准化体系 行业标准化文件 更新和废止程序
资料性文件，组织和方法文件	
—	国防产品标准化文件目录
—	国家军用标准目录
—	国防产品标准化文件目录管理手册
—	国家军用标准目录管理手册
КС ОП 国防产品标准分类	国防产品标准分类
—	国防产品标准化归口单位的制度
—	国防产品标准化信息中心制度

注：如有必要，可变更和增补国防产品标准化体系指导性文件的组成。

从俄罗斯标准化法律文件、发展规划和军用标准化的政策文件中可以看出,俄罗斯标准化工作越来越依赖于国家基础标准和国家基础军用标准,对于标准的规划、制定、采用、更新、废止、信息保障、发行程序和实施程序等都有相应的基础标准来规定,因此,相关政策制度的界面更清晰,操作性也更强。

第五节 国防产品标准综合体

标准综合体是标准化对象及其相关要素按内在联系或功能要求形成的相关指标协调优化、相互配合的成套标准。[16] 标准综合体在俄罗斯标准化工作中占有重要地位。在国防产品研制和使用过程中,国防产品标准化综合体发挥着重要的作用。通过使用包括国防产品标准化综合体(ССОП)在内的研制及交付生产统一标准综合体(СРПП)、统一的设计文件综合体(ЕСКД)、通用技术和组织–方法标准等标准综合体,有效保证了武器和军事装备的研制、生产和使用。

国防产品通用技术和组织–方法标准综合体标准库共有标准1300多项,其基本组成情况见表5-4[14]。

表5-4 国防产品通用技术和组织–方法标准综合体

序号	分类号	综合体(体系)名称	数量
1	0001	国防产品标准化综合体	6
2	0002	设计文件统一综合体	163
3	0003	工艺文件统一综合体	39
4	0004	产品质量指标综合体	96
5	0006	技术–经济信息分类与编码综合体(文件综合体系)	6
6	0007	信息、图书及出版业标准综合体	5
7	0008	测量一致性保证国家综合体	236

续表

序号	分类号	综合体（体系）名称	数量
8	0009	预防产品及材料腐蚀、老化统一综合体	132
9	0012	劳动安全标准综合体	152
10	0013	翻印综合体	57
11	0014	试生产工艺统一综合体	4
12	0015	产品研制与交付生产综合体	35
13	0017	自然保护及自然资源综合利用综合体	7
14	0019	程序文件统一综合体	28
15	0020	通用技术要求和质量检验综合体	58
16	0023	产品耐磨性保证综合体	15
17	0024	控制系统自动化综合体	32
18	0025	机器制造耐久性试验和计算综合体	10
19	0026	设备制造综合体	10
20	0027	装备可靠性综合体	21
21	0028	装备技术保障和修理综合体	6
22	0029	人机要求及人机保证体系－人－机综合体	54
23	0031	工装及机械设备综合体	4
24	0033	文献安全综合体	21
25	0034	信息技术综合体	24
26	0043	信息保护标准综合体	4
27	0044	国防产品编目标准综合体	16
28	0045	国防产品再利用及销毁标准综合体	29
29	0046	航天因素及其影响防护标准综合体	57
		小　　计	1327

注：数量包括国家军用标准、军民通用的国家间标准和军民通用的国家标准。

第六节　国防产品标准化文件体系的特点小结

俄罗斯建立了种类复杂的国防产品标准化文件体系。俄罗斯的国防产品标准化文件体系总计分成24个大类。国防产品标准化文件既包含了不同类型标准，也包含了开展标准化所需要的问题。对于标准而言，从类型上划分，俄罗斯国防产品标准包含了国家间标准、国家标准、国家军用标准、行业标准和企业标准等。根据军事需求，建立了相应的军用补充件和战时补充件。与此同时，也制定了军民通用的国家间标准、国家标准和行业标准。此外，国防产品标准化规则和建议、国防产品标准分类、联邦技术经济和社会信息分类、国家供应品统一编目系统标准、武器和军事装备通用技术条件等都是国防产品标准化文件的组成部分。

强调通用基础类国家军用标准的作用。俄罗斯国防产品标准化文件新增了基础国家军用标准类别。基础国家军用标准是与《国防产品标准化条例》配套适用的一类标准，这类标准在之前的俄罗斯军用标准已经存在，但没有作为单独的一个类别提出，在新的标准化条例里，将此类标准作为单独类别提出，并赋予了其重要作用，国防产品标准化程序性的要求由此类文件进行规定。

采用补充标准的方式满足军用和战时需求。对于国家间标准、国家标准和行业标准，采取军用补充件的方式满足了军用需求。国家间标准、国家标准、国家军用标准和行业标准，采取战时补充件的方式满足了战时的使用需求。最大限度地利用了民用标准。

第六章　俄罗斯国防产品标准化规划和计划

俄罗斯是军民一体的标准化工作模式，国家标准化规划和计划中包括了国防产品标准化的规划和计划。基于国防产品订购单位，研制、生产和使用单位的规划和建议，俄罗斯按照国家标准化规划、年度计划和具体的标准编制计划，组织开展国防产品标准化文件的制定工作。基于国防产品研究，编目文件分析，国防产品创建、使用和回收的经验确定国防产品标准化文件制定的合理性。

国防产品标准化规划主要包括制定长期规划和年度计划两类。长期规划和年度计划构成了一个统一的规划体系，从而实现国防产品标准化工作长远和当前的一致性。

俄罗斯国防部（具体负责部门是俄罗斯武装力量装备局）负责组织制定和批准国防产品标准化工作的长期规划和年度计划。国防产品标准化信息中心负责编制长期规划和年度计划并记录其实施情况，对批准的规划和计划进行登记。

第一节　标准化规划的制定程序

俄罗斯标准化规划的制定程序包括规划的编制、协调、批准和登记等环节。制定标准化规划主要有两种方法：一种是按照通用技术或组织方法编制规划，另一种是按照产品组编制规划。在必要且合理的情况下，也可以制定工艺过程、设备、装备和工具以及其他标准化对象的标准化规划。基于相关单位提交的项目建议书,将规划项目列入年度计划。

标准化规划的制定主要包括七个阶段(图6-1)[17]:

(1)编制、协调和批准《规划编制任务书》;

(2)向《规划编制任务书》中规定的单位分发编制规划的通知;

(3)制定和分发规划初稿和编制说明,《规划编制任务书》中规定的单位反馈意见;

(4)结合所收到的意见和建议,对规划进行改进,必要时举行协调会议消除分歧;

(5)分发规划终稿,汇总反馈意见,完善编制说明,由《规划编制任务书》中规定的批准单位审批;

(6)规划送审;

(7)规划审批和登记。

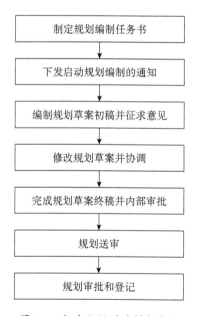

图6-1 标准化规划的制定阶段

《规划编制任务书》中规定了规划的内容和编制期限要求等,是编制规划工作的输入条件,其制定程序按照ГОСТ РВ 0001-003执行。

按照组织方法和通用技术编制规划的《规划编制任务书》由俄罗斯武装力量装备局负责人批准；由俄罗斯国防部（规划编制单位）和俄罗斯技术法规和计量局负责人同意；由编制单位负责人签字；由编制单位军事代表机构、国防产品标准化信息中心和共同执行单位（按照订购单位指示）的负责人会签，见图6-2。

按照产品组编制规划的《规划编制任务书》由俄罗斯武装力量装备局的负责人批准。由规划订购单位、标准化归口单位负责人和相应产品组的军事代表机构的负责人同意；由规划编制单位的负责人签名；由编制单位的军事代表处及国防产品标准化信息中心负责人会签，见图6-3。

有关单位在收到《规划编制任务书》之日起的5个工作日内，对其进行协调。规划初稿按照《规划编制任务书》的规定分发至各单位征求意见。自收到文件之日起1个月内，有关单位将对规划初稿的意见反馈给编制单位。

潜在订购单位和标准化归口单位在收到规划后1个月内对规划开展协调并达成一致意见。会签页模板见图6-4。如果协调过程中在某些问题上存在分歧，则该规划的订购单位应组织召开协调会议，邀请存在分歧的单位参与会议，并由规划的订购单位发表决定性意见。

标准化规划的会签页中，根据《规划编制任务书》列出会签单位。如果通过单独函件办理会签，则需要注明该函件的初始编号，无需签名。函件的副本需要附于规划之后。编制单位按照规定程序将规划终稿发送至国防产品标准化信息中心进行批准和登记。规划需要提交一式两份（原件和副本各一份），还需提交电子版副本一份。

标准化规划的主要指标包含如下内容：

（1）标准化规划的目标和主要任务。

（2）纳入标准化规划的工作数量和组成，主要包括制定的文件等级、开展的研究工作和制定文件的数量等，数量细化到制定项数、修订项数和更改项数，见表6-1。

（3）标准化规划的主要技术经济指标，主要包括制定的文件等级和数量、文件制定的平均时间、总工作量和大致成本等，见表6-2。

通用技术和组织方法的标准化规划

草案①
———————
（密级标识）

批准人
俄罗斯武装力量装备局局长（副局长）

———————————
（个人签名，完整签名）

同意

（俄罗斯技术法规和计量局负责人）

———————————
（个人签名，完整签名）

20___年___月___日

（职务，俄罗斯国防部订购人名称）

———————————
（个人签名，完整签名）

20___年___月___日

标准化规划

（规划中的标准化对象名称）

标准化规划 ———————
（注册号）②

20___年___月___日

① 分发规划草案以供反馈和协调时注明。
② 获得注册号后注明。

图6-2 通用技术和组织方法的标准化规划封面模板

产品组的标准化规划

草案①
（密级标识）

批准人
俄罗斯武装力量装备局局长（副局长）

（个人签名，完整签名）

同意 同意②
规划的订购单位负责人 相关产品组的标准化归口单位负责人

（个人签名，完整签名） （个人签名，完整签名）

20___年___月___日 20___年___月___日

标准化规划

[（产品组）标准化规划的对象名称]

标准化规划③ ———————— （注册号）

① 分发以供反馈和协调时注明。
② 如果规划的制定单位是标准化归口单位，则不需要进行会签。规划编制人在最后一页签名即可。
③ 获得注册号后注明。

图6-3 产品组的标准化规划封面模板

标准化规划

_____
（规划中的标准化对象名称）

同意

| （职务，同意该规划草案的单位名称） | （个人签名，日期） | （完整签名） |
| （职务，同意该规划草案的单位名称） | （个人签名，日期） | （完整签名） |

图 6-4 会签页模板

备注：标准化规划的会签页中，根据技术任务书列出会签单位。如果通过单独函件办理会签，则须注明该函件的初始编号，无需签名。函件的副本附于本规划之后。

表6-1 纳入标准化规划的工作数量和组成

制定的文件等级，进行科学研究工作	制定的文件数量（总计）	包含		
		新制定	修订	更改
1	2	3	4	5
国家军用标准 ГOCT PB 国家标准 ГOCT P…B 国家军用补充件 ГOCT PB…ВД 国防产品标准化分类规则 ПBC 国防产品标准化分类建议 PBC 科研工作 HИP				
共计				

表6-2 标准化规划的主要技术经济指标

制定的文件等级	制定的文件数量	文件制定的平均时间/月	文件制定的总工作量/（人/月）	文件制定的大致成本/千卢布
对于整个规划，包括： 国家军用标准 ГOCT PB 国家标准 ГOCT P…B 国家军用补充件 ГOCT PB…ВД 国防产品标准化分类规则 ПBC 国防产品标准化分类建议 PBC				

（4）规划实施日期，包括开始日期和结束日期。

（5）规划的费用分解，包括整个规划的总费用、年度费用和订购单位信息，见表6-3。

表6-3 标准化规划的时间和经费分解

规划中的项目编号	文件名称、类型、等级，根据国防产品标准分类（供应品统一编目）确定的等级	工作目的	截止期限		标准化归口单位	年度费用/千卢布	订购单位
			开始	结束			
1	2	3	4	5	6	7	8

标准化规划对象的产品分组列出规划对象（包含未列入规划对象的组成部分）、最终的产品组、产品组成部分、配件、特种材料等。对于每类标准化对象，规划宜给出现行标准化文件的数量和目标文件数量，见图6-5。

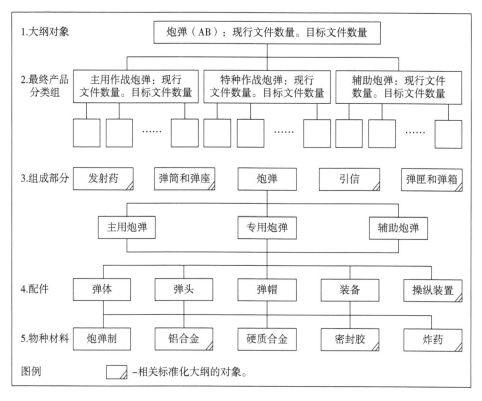

图6-5 标准化规划对象的产品分组

现行的、拟制定的及复审的国防产品标准化文件表格见表6-4。

无论是按照组织方法和通用技术编制的规划还是按照产品组编制的规划，都由编制单位军事代表机构及国防产品标准化信息中心负责人协调，并在规划的最后一页签字确认，最后一页也需要编制单位负责人签字，见图6-6。

表6-4 现行的、拟制定的及复审的国防产品标准化文件表格

标准化对象名称	现行的文件登记号，规划、其他规划、标准化计划中的项目编号							
	组织方法和通用技术标准					产品标准			监督方法等
	基本（一般）规定	术语和定义	一般要求	程序等	通用技术条件	通用技术要求	技术条件	
1. 整个规划对象：炮弹								
2. 列入规划对象的最终产品								
2.1 主用作战炮弹								
2.2 特种作战炮弹								
2.3 辅助炮弹								
3. 列入规划对象的产品组成部分								
3.1 炮弹								
3.2 _____								
4. 配件								
4.1 弹体								
4.2 _____								
5. 材料								
5.1 _____								

```
规划制定单位的负责人                        国防产品标准化信息中心负责人
_____                        _____
       （个人签名，完整签名）                       （个人签名，完整签名）
20___年___月___日                          20___年___月___日
       同意

驻规划制定单位的国防部军事代表机构负责人

_____
       （个人签名，完整签名）


20___年___月___日
```

图6-6 标准化规划的最后一页模板

标准化规划制定后，由国防产品标准化信息中心在批准后的2周内对规划进行登记，并为其分配登记号。标准化规划的登记号包括：缩写"ПС"，对应于国防产品标准分类的产品类别代码的四位数字，该类别中的规划序列号，以及程序批准年份的四位数。

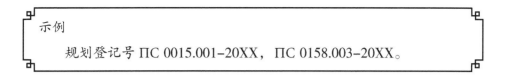

示例
    规划登记号 ПС 0015.001-20XX，ПС 0158.003-20XX。

规划的原件需要退还给编制单位，副本保留在国防产品标准化信息中心。规划的编制单位在收到已登记的规划后1个月内，将其复制并分发给规划的订购单位和相关单位，包括：相应产品类别（活动类型）的标准化归口单位，国防产品标准订购单位，国防产品标准化信息中心和规划订购单位决定的其他单位。

第二节　标准化规划的编写

俄罗斯国防产品标准化规划编制通常按照如下的顺序开展：

（1）确定制定规划的目的；

（2）结合规划对象，对现行有效的国防产品标准化文件资源开展适用性分析，确定制定新标准以及修订现行标准的必要性；

（3）分析现有国防产品标准化规划和计划，分析国家标准制定规划，以避免重复工作；

（4）根据标准化规划对象的分类和分组，与其他标准化规划对象的关系，确定规划对象的组成并建立规划对象的产品分组，产品分组要突显需要制定（修订）标准化文件的分类和分组；

（5）为每个分类和分组确定标准化重点方向；

（6）确定工作的次序、完成的时间以及特定文件的潜在订购单位；

（7）确定规划中包含的工作量和大致工作成本；

（8）形成规划。

国防产品标准化规划的目的由标准化的目标决定，同时需要考虑该规划对象的具体情况，确保达到俄罗斯所需的国防和安全水平，达到国防产品规定质量和竞争力水平，以及提高军工设施的安全水平和工业动员准备水平。

俄罗斯国防产品标准化文件更新主要包括制定新文件以及修订、更改或废止现有文件。为了确定文件更新的必要性，需要对国防产品标准化文件资源库、国防产品标准化规划和计划进行分析。分析主要确定如下四个问题：

（1）确定是否已经存在适用于规划对象的现行有效、正在编制和拟定编制（修订、变更）的标准化文件，规划对象可以是标准化对象整体也可以是标准化对象的要素；

（2）确定现行文件是否符合俄罗斯通用基础国家军用标准的要求；

(3) 确定现行文件中规定的指标、规范、要求是否与技术规程、国际标准、现代科学技术水平、武器研制计划任务等规划和计划相符;

(4) 确定标准化规划中的指标是否可以达到规划的目的。分析过程主要参考相关科研成果、国防产品研制的科学技术预研、设计文件、技术文件和使用数据等。

根据对标准资源的分析结果,确定需要修订或变更的现行文件清单,规划和论证拟制定文件的等级和类型。在现行有效、拟定编制和修订的国防产品标准化文件清单中,包含现行文件的标题编号、规划和相关其他规划和计划中的标题编号。

规划对象的产品编目、特定标准化对象的产品分类和分组,主要基于现行的国防产品标准分类和供应品统一编目标准确定。

产品标准化规划对象组成部分的编目通过对最终产品的结构分析,根据生产、使用、维修和回收处理过程的分析结果确定。表6-5中给出了国防产品的基本细分等级。产品标准化规划对象组成部分包括其最终产品的组成部分、组件和特种材料等。产品结构分解主要是功能结构分解和细分。

表6-5　国防产品的细分等级

细分等级	标准化对象
Ⅰ	国防产品
Ⅱ	武器和军事装备的系统(综合体)和样品
Ⅲ	军事装备(系统、综合体)样本的组成部分
Ⅳ	配件:具有结构完整性且可作为制件或其组件组成部分执行某些技术功能的零件、组装单元或其统一体
Ⅴ	在国防产品的创建、使用、维修和回收处理过程中使用的材料(设计材料、操作和辅助材料)、半成品、原料、燃料等

在每个细分等级内,规划对象的组成部分统一成相同的分类和分组,构成特定标准化文件的编制对象。这种统一需要根据主要分类特征的共性进行。表6-6中列出了要求的归纳等级。

表6-6 要求的归纳等级

等级	归纳的主要特征	例如
Ⅰ	国防产品总体	
Ⅱ	某些行业（工业）国防产品的统一体	航空工业、造船业、汽车工业等行业的国防产品
Ⅲ	具有共同功能用途、作用原理、物理性质或其他重要特征的国防产品统一体（类别）	装甲车、炮弹、内燃机和半导体仪器等
Ⅳ	按执行的功能、基本参数和规格、结构方案、制造技术等从三级分组中划分出来的国防产品组	杀伤爆破炸弹、汽车柴油发动机和燃油泵等
Ⅴ	特定牌号、规格尺寸或规格标准的材料和独立制件	柴油发动机 ЯМ3-238、泵 HK-10 和钢 2X13 等

注：在编制特定规划时，应结合国防产品规格和标准化规划目标，规定规划对象各级别组成部分的归纳等级数和统一特征。

针对产品的标准化规划，标准化对象的产品分组需要体现整个规划的对象（产品分组），体现最终产品及其组成部分、配套件、特种材料、特殊工艺过程、设备、装备、工具，体现规划框架内必须涵盖的试验测量方法和工具。

针对技术设备的标准化规划，对象的产品分组要在对象架构分析，同类材料对象、流程和标准的等级细化与分类的基础上开展。规划对象的性质、特点和规划框架下创建文件体系（综合体）的目的决定了规划的分类。

在对规划对象组成部分建立分类和分组及细分级别的基础上，确定标准化的重点方向和编目，并尽可能地确定达到规划目标所必需的指标和规格。

为了实现规划的既定目标，需要根据每份规划文件的重要性确定规划实施的期限、顺序和连贯性。规划的目的在于：确定文件编写过程中的分工协作关系和编制流程，确保根据武器发展计划、科研工作计划和国防产品生产计划来确定文件中的指标和要求，统计计划文件在相应创建阶段的使用和标准化产品的使用及回收利用必要性。

为了直观地表示文件顺序和相互关系，确定文件最佳编制期限，在文件制定过程中通常需要编制网络图。

按照订购单位的建议确定规划中每个项目（工作类型）的工作量和大致成本。

第三节 标准化计划的制定

尽管俄罗斯制定并发布国家标准制修订计划，但在既有的国防产品通用基础国家军用标准中，军用产品标准化的计划独立存在，反映出俄罗斯标准化军民融合仍然不够深入和彻底。在N1927中，条例修正案弱化了军用产品标准化计划的概念，将多处"军用产品标准化规划（计划）"修改为"标准化规划（计划）"，反映出进一步加强标准化军民融合的发展方向。为此，在本书中，也将"军用产品标准化规划（计划）"调整为"标准化规划（计划）"，以反映俄罗斯国防产品标准化工作的最新变化。

标准化计划规定了待制定的国防产品标准化文件的组成、总经费范围、计划年度经费、阶段和制定周期及订购单位等要求。计划制定的主要依据是相关单位以建议书方式编制的规划和报价。

标准化计划的制定包括以下五个阶段（图6-7）：

图6-7 标准化计划的制定程序

（1）组织制定计划；

（2）制定计划的建议书；

（3）编制计划报价并与订购单位进行协调；

（4）制定计划并提交批准；

（5）计划的批准。

标准化建议书由申请单位编制，由标准化归口单位登记修正（如有必要）。在整个编制期内，文件编制单位负责保存该文件。建议书是计划的附录。

建议书的编号由标准化归口单位在登记时赋予且不可更改，该编号被用作官方临时工作代码，直至标准化归口单位收到批准该项目立项的年度计划，在年度计划中会赋予其新的项目编号（代码）。

如果没有在编制年度计划期间采纳建议书，或者在调整时删掉了批准的计划项目，则相应的建议书作废。如果有必要恢复文件的编制，则需要编制新的建议书并为其分配新的编号。

标准化计划建议书的模板见图6-8和图6-9，说明如下：

"项目编号（代码）"中，如果标准化对象是由一个类别的名称确定的，或者由组成产品条目确定的，则编制单位需要根据国防产品标准分类注明产品等级的四位数编号。如果标准化对象是由其中的几个分组和等级确定的，则需要注明这些组和等级的所有编号，此时应首先注明主要分组。

"文件名称"中，注明国防产品标准分类规定的等级或组的名称，其编号是项目代码的主要部分，然后确定标准化对象并注明标准的类型。

标准化对象的名称需要尽可能使用国防产品标准分类和供应品统一编目中的分组名称，标准类型需要符合俄罗斯国家标准 ГОСТ Р 1.5的要求。需要在建议书或编制说明中说明标准类型名称的偏差。

在项目名称之后，给出以下两类信息：

一是文件类型的信息，例如，国家军用标准 ГОСТ РВ，国家军用补充件 ГОСТ РВ…ВД，国家标准 ГОСТ Р…В，国防产品标准化分类规则 ПВС、РВС，国防产品标准化分类建议 П С 等；

二是有关新编文件的信息，对于新编文件，需要注明"首次编制"，

第_____号《20_____年标准化计划》建议书

申请单位：_____

1. 报价内容

项目编号（代码）	文件名称	建议书申请编号	归口单位	编制阶段					编制成本		订购单位，科研工作代码
				开始工作	批准制定任务书	分发		提交审核	最高全价	规划年度	
						第一版	最终版本				
1	2	3	4	5	6	7	8	9	10	11	12

2. 报价依据
3. 编制成本的可行性研究
4. 用于意见分发的企业名录
5. 用于协商分发的企业名录[①]

① 在将报价草案纳入计划和计划草案的过程中，可以补充修订企业名录。

图6-8 标准化计划建议书的正文页模板

对于修订的文件，需要注明原始文件或用于替换的文件。

```
申请单位负责人        _____        _____
                      （个人签名）        （完整签名）
    同意
国防部军事代表机构负责人  _____        _____
  （驻申请单位）        （个人签名）        （完整签名）
20____年____月____日
```

图 6-9　标准化计划建议书的签字页模板

> **示例**
>
> "设计文件统一体系 操作文件 一般要求 国家军用标准 ГОСТ РВ基于国家标准 ГОСТ 2.601-95，取代俄罗斯国家军用补充件 ГОСТ Р ВД 2.601-96"

"建议书编号"可不填写。

"标准化归口单位"中，注明在标准化对象领域最有技术能力的企业（一个或多个）。

"编制阶段"中，注明开展工作的年份和月份。不同类型的文件，从编制文件到提交颁布的平均时间有所不同，时间规定如下：

（1）通用基础标准和通用技术条件类型的产品标准，最长不超过20个月；

（2）一般技术要求和技术条件类型的产品标准，最长不超过19个月；

（3）其他类型的标准最长不超过16个月；

（4）特定时期内制定标准的补充内容，最长不超过14个月；

（5）制定标准更改单，最长不超过11个月。

《规划编制任务书》的编写和批准时间不得超过2个月，并且从文件最终版本的分发协调到提交颁布的时间不应超过3个月。

"编制成本"中，列出按订购单位建议计算得出的大致工作成本。

"订购单位，科研工作代码"中，注明编制文件的潜在用户。

在建议书的第二部分"报价依据"中，说明制定国防产品标准化文件的技术可行性，其中包括计划进行标准化的主要指标（数值）。对于包含在已批准规划中的文件，需要同时注明规划名称、登记号以及规定编制该文件规划的项目编号。如果有规定编制文件的法律和法规，需要注明其名称和登记号。

在建议书的第三部分"编制成本的可行性研究"中，给出了对工作量和研制成本的计算，同时附上了所需的编制说明。

在建议书的第四部分"用于征求意见的单位目录"中，除了根据国家军用标准 ГОСТ РВ 0001-003 发送标准初稿获得反馈外，还需要补充注明作为标准主要用户的单位名称。

在建议书的第五部分"用于协商发行的单位目录"中，除了需要包含按照国家军用标准 ГОСТ РВ 0001-003 对标准的最终版本进行协调的单位外，必要时，还需要注明参与会签的单位。

在制定国防产品标准化信息中心计划时，为了提供组织方法保障，必要时，在计划年度前一年2月1日前，编制规划方法建议，其中需要列出最重要、最紧迫、应该在相应年度计划中安排的项目，明确计划的格式要求、制定日期、提交日期和提交程序，并发送至标准化授权机构和标准化归口单位。

标准化授权机构和标准化归口单位将国防产品标准化信息中心的计划编制工作告知规定领域内的单位。此外，还需告知最重要、最紧迫、需要在相应年度计划中安排的项目。

编制建议书时，需要考虑已经获批的规划中的项目，根据相应的条目对标准化文件资源库进行分析的结果，研究工作成果，国防产品的创建、使用和处置方面的工作经验等。

针对每个项目分别制定计划的建议书。不针对下一年度项目制定建议书。

相关单位编制计划的建议书并与军事代表机构进行协调（如果有），在计划年度前一年的4月1日前按照产品（活动）类别发送至相应的标准化归口单位。

对于在现有标准化归口单位责任范围内未能清晰规定标准化对象的建议书，由申请人与国防产品标准化信息中心协调后发送至标准化归口单位。

标准化归口单位分析并为每个建议书分配一个编号，该编号包括标准化归口单位代码、建议书的序列号和建议书编制年份的后两位数字，用破折号与序列号分开。

> 示例
>
> 建议书编号5.14-05
>
> 其中：
>
> 5是标准化归口单位代码；
>
> 14是建议书的序列号；
>
> 05是申请编制年份的最后两位数字。

基于已有的规划，在对建议书分析和归纳的基础上，根据规定的条目，由标准化归口单位制定计划建议书，通常包括制定（修订，变更）规划、国家军用标准、国防产品标准化分类规则和国防产品标准化分类建议、对国家军用标准的战时补充件、战时国家标准；上一年度结转至本年度的项目，在军用产品标准化领域内进行科研等。

标准化归口单位制定《标准化计划建议书》，并与该单位的军事代表机构进行协调，与收到的整套建议书副本一起，在报价的前一年8月1日前发送给计划出资开展工作的订购单位和国防产品标准化信息中心。发送给订购单位的建议书还包括上一年计划中结转至本年度的项目。在相同的时间段内，编制单位（适用于结转至下一年度的项目）以及相关单位将对报价摘要及副本进行协调。

标准化归口单位根据从订购单位和执行单位处得到计划是否获得批准

的信息之后，按要求对计划进行修正，并按照规定的格式编制报价。标准化计划报价汇总表见表6-7。

表6-7 标准化计划报价汇总表

工作名称	计划中的项目数量	在计划年度内提交颁布	转入20____年
1	2	3	4
1. 编写国家军用标准			
2. 编写战时（特殊时期）国家标准			
3. 编写战时（特殊时期）国家军用标准补充件			
4. 编制规则和建议			
5. 编制标准化规划			
6. 其他工作			

标准化计划报价的经济指标见表6-8，主要包括工作总成本、计划年度的费用资金的来源和工作的订购单位等信息。

表6-8 标准化计划报价的经济指标

工作总成本、资金来源和工作的订购单位	为工作提供资金的科研工作（设计试验工作）代码	金额/千卢布
工作总成本		
计划年度的费用		
资金来源：俄罗斯国家预算		
工作的订购单位： 俄罗斯国防部，包括： 军事单位_____ 军事单位_____ 其他联邦政府机构，包括： （联邦政府机构名称） （联邦政府机构名称）		

标准化计划报价签字页的格式见表6-9。

表6-9 标准化计划报价签字页的格式

项目编号（代码）	文件名称	建议书编号	归口单位	编制阶段					编制成本		订购单位，科研工作代码
				开始工作	批准《规划编制任务书》	分发第一版	分发最终版本	提交审核	最高全价	规划年度	
1	2	3	4	5	6	7	8	9	10	11	12

"标准化计划"报价签字页说明如下：

"项目编号（代码）"中，标准化归口单位根据国防产品标准分类填写建议书中注明的四位数等级号，然后加一个点，再填写国防产品标准分类规定的该等级项目三位数序号，然后加一个破折号，在破折号后是代表文件编制开始年份的两位数。

> 示例
> 1305.001-04；1305.002-04；0002.001-05；0002.007-05。

对于属于组织方法体系和通用技术体系的标准以及术语标准（国防产品标准分类的"00"和"01"组），仅需将这些体系相应等级的四位数代码用作项目编号。

> 示例
> 0015，0158

如果标准化的对象被列入国防产品标准分类的所有分组，但不属于任何体系（综合体），则在项目代码中注明类别"0099"，如果被列入多个组，则注明类别"0098"。

如果标准化的对象通过分组名称以及其组成中所有等级编码的确定，则需注明组数字代号（前两位数字）和"00"构成的四位数编号。

> 示例
> 1200，3600

如果标准化的对象通过一个等级的名称确定，或者全部或部分由组成该等级的产品编目确定，则需要注明该等级的四位数编号。

> 示例
> 5850，1395

如果标准化的对象属于一个组的两个或多个等级（但不是所有），需要注明由该组数字代号（前两位数）和"01"构成的四位数编号。

> 示例
> 1401，2301

编制计划报价、编制规划和进行科研工作的项目编号（代码）分别为"PLAN""PLST"和"ISSL"。

对于结转至本年度的项目需要注明本年度批准的计划编号（代码）。

"文件名称"中，不包括国防产品标准分类和供应品统一编目中的组（等级）名称，仅在建议书中提供此名称。

"建议书编号"中，标准化归口单位（计划报价的编制单位）按照批准的建议书编号填写。

"归口单位"中，结转至下一年度的项目，需要注明文件编制的标准化归口单位。

如果需要在新的科研工作框架内编制文件并对此进行招投标，则需要根据招投标结果确定归口单位。在这种情况下，需要在第4栏中注明"招投标"字样。

"编制阶段"中，根据建议书填写执行的年份和月份。

> 示例
> 23年1月，23年3月，23年10月

为了确保文件的颁布、出版以及发行准备工作时间平均分配，工作的开始时间、提交颁布日期均需要尽可能在一年之内平均分配。

根据建议书填写"编制成本"。

"订购单位，科研工作代码"中，注明与文件编制及其资金来源相关的国防订购单位。此处还需要注明编制文档的相应研发工作（设计试验工作）代码。

标准化计划在科学技术委员会（分委员会）和有军事代表机构、订购单位代表及执行单位代表参与的技术会议上研究确定，在计划年度前一年的11月1日前与成套随附文件一并发送至国防产品标准化信息中心。该计划的报价以打印版和电子版两种形式提交。

成套随附文件中包括如下4个文件：

（1）编制说明；

（2）科学技术委员会或技术会议关于计划报价的研讨决议；

（3）标准化计划建议书的实施证明（模板见图6-10）；

（4）整套建议书副本。

编制说明中应体现计划年度要解决的主要任务，从上一年度计划移入下年度项目的相关资料，工作量计算及大致施工成本的概括性可行性研究，含计算方法和必要的计算说明。

基于标准化归口单位的报价，由国防产品标准化信息中心制定计划，并与俄罗斯技术法规和计量局进行协调，在规划年度前一年的12月15日前按照编制说明进行提交审批。俄罗斯国防部（俄罗斯武装力量装备局）在规划的年度开始之前批准计划。计划由俄罗斯武装力量装备局局长批准，俄罗斯技术法规和计量局负责人签字同意。计划的项目页模板见图6-11。

《20____年标准化计划》报价建议书的实施证明[①]

（标准化归口单位，即计划报价的编制单位名称）

收到的建议书份数	建议书的工作名称	决定通过或拒绝建议书。拒绝投标的简要理由
1	2	3

标准化归口单位名称

_____　　　_____　　　_____
（标准化归口单位名称）　　　　（个人签名）　　　　　（完整签名）

20____年____月____日

同意

国防部军事代表机构负责人
（隶属于标准化归口单位）

① 在表格中，须注明编制年度计划报价时从标准化归口单位获得的所有建议书。

图 6-10 标准化计划建议书实施证明模板

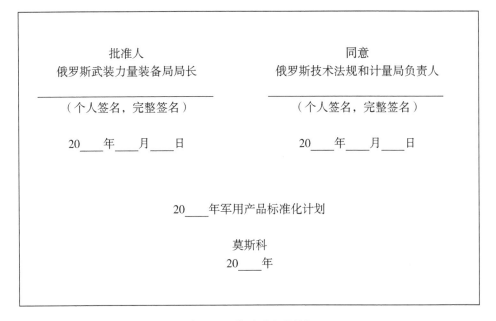

图 6-11　计划项目页模板

对于未列入计划报价的建议书，标准化归口单位会给出理据充分的结论，并注明不接受该建议书的原因，如工作重复、不合理、不现实、订购单位缺乏兴趣等，需要与下设军事代表机构进行协调并发送给申请单位。

对于未与订购单位达成一致的建议书将不再进一步考虑。

计划需要会签，会签页模板见图6-12，需要注明进行融资操作提供资金的工作订购单位。如果通过单独函件办理会签，则需要注明该函件的初始编号，无须签名，但需要附上会签函件副本。计划的汇总指标和经济指标见表6-7和6-8。标准化计划的正文部分按照图6-13进行编制。

"项目编号（代码）"中，国防产品标准化信息中心将按照国防产品标准分类和等级赋予新项目一个统一的序列号（不包括上一年结转项目）。同时，在项目代码中，还可以明确在编制计划报价时由标准化归口单位授予的国防产品标准分类等级代码。

对于从上一年结转项目，需要注明当年（计划年份的前一年）批准的计划中的编号（代码）。

计划批准后，直到文件颁布前，项目的编号（代码）在整个文件编制过程中不可以更改。在具体合同（协议）和报告文件、往来信函中引用时，可视为正式编号（代码）。项目的编号（代码）在国防产品标准化工作计划中不可以出现重复的情况。

会签页		
职务	签名，日期	完整签名
俄罗斯武装力量装备局 俄罗斯技术法规和计量局 工作的订购单位① 俄罗斯国防部： 军事单位 _____ 军事单位 _____ 其他联邦政府机构，即在规定活动领域内的国防订购单位： _____ _____		

① 会签页须注明进行融资操作的工作订购单位。如果通过单独函件办理会签，则须注明该函件的初始编号，无须签名，但需要附上会签函副本。

图6-12　计划会签页模板

国防产品标准化信息中心根据标准化归口单位编制的《计划报价》相应栏填写图6-10表格的其余各栏。此时，国防产品标准化信息中心可以做出必要的修订和补充。

筹备单位名称，在与俄罗斯技术法规和计量局协调后，由国防产品标准化信息中心填写。

负责协调颁布标准的单位名称，由国防产品标准化信息中心填写。

需要注明在招投标科研工作框架内编制文件的归口单位。

国防产品标准化信息中心在计划获批后的1个月内，需要将标准化归口单位批准的计划摘要发送给订购单位、工作执行单位（根据结转至下一年度的项目）以及涉及的其他相关单位。

《20____年军用产品标准化计划》

项目编号（代码）	文件名称	建议书编号	归口单位	编制阶段					编制费用/千卢布		订购人、科研工作代码	筹备单位①，协调单位②
				工作开始	批准技术任务书	分发第一版	分发最终版本	提交审核	最高全价	规划年度		
1	2	3	4	5	6	7	8	9	10	11	12	13

① 由俄罗斯技术法规和计量局规定。
② 由国防产品标准化信息中心规定。

国防产品标准化信息中心负责人

（个人签名，完整签名）

20____ 年____ 月____ 日

图6-13 标准化计划的正文页和签字页模板

在根据国防订单订立科研工作合同之后，在合同框架内将选定计划的项目，标准化归口单位将指定工作的代码通知国防产品标准化信息中心和制定标准的主要执行单位。

如果未完成计划中规定的工作（未划拨资金）或有必要迅速制定文件（在国防订单框架内提供资金），则标准化归口单位需要编制计划调整报价，并在当年6月15日前与订购单位进行协调，同时在当年的9月15日前将报价提交至国防产品标准化信息中心。

每年进行两次计划调整，分别在当年的7月1日前和10月1日前。

第四节 标准化规划和计划的执行情况监督

俄罗斯国防部会对国防产品标准化规划和计划的执行情况开展检查。在建议书的基础上，标准化归口单位通过计划形式对批准的规划予以实施。由批准规划任务书的订购单位、标准化归口单位及该单位的军事代表机构检查是否及时将规划项目纳入计划。在所有规划的工作阶段全部完成且获得文件登记号之后，即视为该项目已完成，可从计划中删除。基于从执行单位获得的数据，标准化归口单位在合同规定的期限内根据项目起草计划执行年度报告。报告一般包含如下四个方面内容：

（1）国防产品标准化工作方向；

（2）国防产品标准化文件的资源状况分析；

（3）国防产品标准化科研工作的主要成果；

（4）标准化规划执行情况分析。

报告需要附带年度计划执行情况信息和规划的执行情况资料。标准化归口单位将报告材料发送给工作订购单位和国防产品标准化信息中心。年度计划执行情况信息格式见图6-14，规划的执行情况资料格式见图6-15。

第六章 俄罗斯国防产品标准化规划和计划

批准人
标准化归口单位负责人
20____年____月____日

《20____年军用产品标准化计划》执行情况信息表

项目编号（代码）	文件类别和名称	标准制定的技术任务书		文件各阶段的编制时间						文件的注册号、日期、订单号
				第一版（分发以获得反馈）		最终版本（供协调）		提交通过		
		计划的批准日期	批准日期	计划的分发日期	日期、初始编号	计划的分发日期	日期、初始编号	计划的提交日期	日期、初始编号	

同意
国防部军事代表机构　负责人
20____年____月____日

执行人
（标准化归口单位下属执行部门负责人、签名、完整签名）
20____年____月____日

（隶属于标准化归口单位、签名、完整签名）

图6-14 《标准化计划》执行情况信息表模板

批准人
标准化归口单位负责人
20____年____月____日

标准化规划执行情况信息表

标准化规划的名称	标准化规划的编号	标准化规划的实施日期	标准化规划实施进度		
			标准化规划中的项目数量	实施的文件数量	处于实施阶段的文件数量
1	2	3	4	5	6

备注：
1. 文件的实施是指为其分配注册号的实际情况。
2. 在实施阶段，须考虑包含在计划中、根据国家国防订购拨款的项目。

同意　　　　　　　　　　　　　　　　　　　执行人
国防部军事代表机构　　负责人

(隶属于标准化归口单位，签名，完整签名)　　　(标准化归口单位下属执行部门负责人，签名，完整签名)
20____年____月____日　　　　　　　　　　　　20____年____月____日

图6—15　标准化规划执行情况信息表的编制模板

第五节　国防产品标准化规划和计划的特点小结

规划和计划是俄罗斯国防产品标准化的显著特征。俄罗斯的国防产品标准化与国防产品采购密切结合的同时，有战略，强规划，有计划。战略解决长期发展的问题，俄罗斯国防产品标准化发展战略统一体现在国家标准化发展战略中，是军民一体的发展战略。国防产品标准化规划和计划体系性很强，十分强调与该领域已有标准的协调配套关系。依托标准化对象的产品分解结构，通过产品规范把复杂国防产品技术条件规定清楚，通过通用技术和组织方法把标准化对象相关的技术要求、技术方法和管理要求规定清楚。

俄罗斯按产品组、技术与组织方法、专项组织规划，延续性强。俄罗斯国防部（武装力量装备局）负责军用产品标准化工作规划和年度计划的制定与批准。具体执行是由国防产品标准化信息中心制定、准备待批准计划并记录其实施情况，对批准的计划进行登记。制定规划的方法有二种：一是按通用技术、组织方法开展规划和计划；二是按产品组开展规划和计划；三是专项规划。如果有必要且调查认为具有合理性，可以制定工艺流程、设备、装备和工具以及其他标准化对象的标准化规划，即专项规划。

俄罗斯国防产品标准化统一规划，分头计划，配合较好。《国防产品标准化规划》由国防部武装力量装备局统一组织编制。按照通用技术和组织方法问题编制规划的技术任务书由俄罗斯武装力量装备局的负责人批准；由俄罗斯国防部（规划订购单位）下属机构和联邦技术法规和计量局负责人会签；由编制单位负责人签字；由编制单位军事代表机构、国防产品标准化信息中心和共同执行单位（按照订购单位指示）的负责人进行协调。按照产品组编制规划的技术任务书由俄罗斯武装力量装备局的负责人批准；由规划订购单位、标准化归口单位负责人根据相应的产品组及其军事代表机构的负责人会签；由规划编制单位的负责人签名；由设在编制单位的军事代表机构及国防产品标准化信息中心负责人协调。《俄罗斯国防产品标准化年度计划》由国家订购单位分头制定，俄罗斯国防部作为主要的订购单位，负责制定《军用产品标准化年度计划》。俄罗斯工业和贸易部等政府机构、国家原子能公司和国家航天公司负责制定和批准的各自领域的标准化计划、相关计划和俄罗斯国防部批准的《军用产品标准化年度计划》均下发到国防产品标准化工作参与单位。

  俄罗斯国防产品标准化工作的计划性很强，主要依托长期规划和年度计划推进国防产品标准化工作。规划和计划的目的十分明确，要结合规划对象，对现行有效的国防产品标准化文件资源开展适用性分析，确定制定新标准以及修订现行标准的必要性；分析现有国防产品标准化规划和计划，分析国家标准制定规划，避免交叉重复。根据标准化规划对象的分类和分组，与其他标准化规划对象的关系，确定规划对象的组成并建立规划对象的分类架构。分类架构要突显需要制定（修订）标准化文件的分类和分组。每个分类和分组分别确定标准化方向（重点）；确定工作的次序、完成的时间以及特定文件的潜在订购单位；确定规划中包含的工作量和大致工作成本。

第七章　俄罗斯国家军用标准制修订程序

第一节　国家军用标准制定程序

俄罗斯制定国家军用标准的依据是《标准化年度计划》，《标准化年度计划》主要依据国家军用标准 ГОСТ РВ 0001-002 制定并批准。军用标准制定包括以下阶段[18]：

（1）编制、协调和批准《标准制定任务书》；
（2）如果《标准制定任务书》中有规定，需要发出标准制定通知；
（3）编制并提交标准初稿；
（4）完善标准并提交标准征求意见稿；
（5）提交标准送审稿；
（6）准备标准报批稿；
（7）颁布和登记标准，发出标准颁布函。

俄罗斯军用标准制定流程见图7-1。

在遵守有关保密规定、经编制单位同意且协商一致的情况下，可以进行标准制定任务书、标准初稿和标准征求意见稿的编制工作。相关文件的编制既可以使用纸质载体，也可以使用电子载体，采取的载体形式在《标准制定任务书》中规定。

一、编制、协调和批准《标准制定任务书》

《标准制定任务书》由标准主编单位根据年度计划进行编制，结构要素包括封面、正文和附录三个部分。

《标准制定任务书》的封面见图7-2。

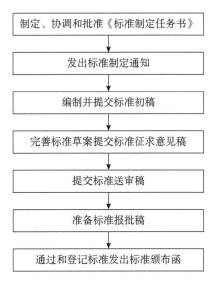

图7-1 俄罗斯军用标准制定流程图

《标准制定任务书》的正文由以下部分组成[18]：

（1）制定依据；

（2）完成期限；

（3）制定标准的主要目的与任务；

（4）标准化对象的特征；

（5）标准章节和标准技术要素及主要内容；

（6）与其他标准化文件的关系；

（7）主要信息来源；

（8）工作阶段和完成期限；

（9）保密制度和保守国家秘密的要求；

（10）附加要求（必要时）。

"制定依据"中，需要指明制定标准所依据的指令、决议和其他指令性文件（如有）的名称和代号；进行标准制定的标准化规划（如有）的名称、编码和条款；年度计划主题的名称和代码（编号）。

"完成期限"中，需要标明标准制定的起始和结束日期（年、月），以及年度计划中规定的标准送审稿的提交日期。以计划中规定的标准颁布月份和年份为制定的结束日期。

```
                                    _____
                                    （限制发行的密级标识）
                                    份号：_____


              批准                        同意
    _____      _____
       标准订购单位负责人              标准编制单位负责人


    _____      _____
      个人签名，完整签名              个人签名，完整签名

    20___年___月___日              20___年___月___日
                                        同意

                                  _____
                                    标准制定参与单位负责人


                                  _____
                                      个人签名，完整签名
                                  20___年___月___日


                        技术任务书

              _____的制定技术任务书
                         标准类别

    _____
                        标准名称

           主题_____
                  年度计划主题代码（编号）


                        莫斯科市
    20___年
```

图 7-2 标准制定任务书封面

示例

起始日期：2021年7月

提交待颁布日期：2022年9月

结束日期：2023年2月

"制定标准的主要目的与任务"中，需要注明采用正在制定标准将实现的目的，以及为达成这些目的而必须完成的任务。

"标准化对象的特征"中，主要规定标准化对象是否符合国防需要和现代科技发展水平、标准的创新程度和确保提高标准化对象技术水平和质量的指标。

"标准章节和标准技术要素及主要内容"中，需要考虑俄罗斯国家标准ГОСТ Р 1.5的规定。需要注明待制定标准的章节、技术要素和主要内容，其中包括国防产品标准订购单位的要求。

如果《标准制定任务书》是为成套标准制定的，则需要注明列入成套标准中的所有标准的基本要求和指标。必要时，可以给一套标准赋予一个编码，作为在各种标准技术文件中表示是一整套标准的代号。

示例

整套标准（КС）《严寒-6》、整套标准 КС《气候-7》

在"与其他标准化文件的关系"一章中，需要注明在制定标准时，考虑的各类武器和军事装备通用技术条件的代号，相同或更高类别、适用范围更广的标准的编号和名称，国际标准化组织、国际电工委员会、俄罗斯境内开展活动的其他国际标准化组织的标准（建议）的编号和名称，与正在制定标准内容一致的国家标准的名称。本章还需要列出《国家军用标准目录》和《国防产品标准化文件目录》中所列的现行国防产品标准化文件，这些文件将因采用正在制定的标准而被修订、变更或废止。

在"主要信息来源"一章内主要列出：

（1）包含国防产品标准订购单位要求的文件；

（2）科研开发工作的科技报告；

（3）国家标准、专利和版权证书；

（4）科技文献、目录、手册、标准化组织及国际电工委员会的标准（建议）、其他国际组织的文件、区域标准、外国标准和企业标准。

在"工作阶段和完成期限"一章中，在各个编制单位参与制定标准时，每个编制单位都会编制一份单独的表格，标明各参与编制单位的名称。本章主要注明标准制定时所需全部工作的实施阶段、向俄罗斯技术法规和计量局提交最终版本的阶段、标准的主编单位参与标准送审稿编制工作的阶段、主编单位和参编单位的名称、每个阶段的完成期限，以及各个工作阶段的成果。

由多个参编单位制定标准时，为每个单位分派相应的工作。

各个参编单位完成的工作清单可在单独的表格中列出。此时，在"工作内容"和"完工期限"栏中，主要指明每个参编单位在标准制定的每个阶段的具体工作和完成日期。主要的表述格式参见表7-1。

表7-1 工作阶段和完成期限

阶段序号	工作内容	参编单位	完成期限		工作阶段结束情况
			起始日期	结束日期	

表7-1的"工作内容"一栏中，主要包含以下阶段：

（1）制定《标准制定任务书》；

（2）提交给规定机构的标准制定通知，规定机构是指《标准制定任务书》编制时作为附录提交的标准初稿的征求意见单位名单和一份标准送审稿协调单位名单；

（3）收集、研究和分析专题材料；

（4）完成标准中规定的个别参数、设计方案、标号等选择的可行性研究工作（必要时）；

（5）制定附有编制说明的标准初稿；

（6）制定标准实施的主要措施计划（必要时）；

（7）在科学技术委员会（分委员会）或标准主编单位（机构）技术会议上审查标准（必要时）；

（8）向《标准制定任务书》内指定的机构提交征求意见用的标准初稿；

（9）对测量方法进行审查，对于规定测量方法的标准，其审查按俄罗斯国家标准 ГОСТ Р 8.563 执行；

（10）根据收到的意见和建议完善标准（编制反馈意见汇总表）；

（11）制定标准征求意见稿和《标准实施的主要措施计划》（如有），并分发给《标准制定任务书》中指明的单位进行协调；

（12）必要时，拟定标准实施的技术经济效益计算书；

（13）完善标准，连同成套文件一起提交筹备单位以便进行颁布的准备工作；

（14）参与待颁布标准的准备工作。

在"工作阶段结束情况"一栏中，建议注明所要提交的文件和文件接收人。

"保密制度和保守国家秘密的要求"中，主要根据部门保密信息清单规定标准制定过程中，相关工作或阶段的具体信息的保密程度，以及保密的基本要求。制定中的标准，需要在相应的栏目内标明限制发布信息的级别，不得低于《供官方使用》级别。

如果有必要，在《标准制定任务书》内增设"附加要求"一章，用以说明《标准制定任务书》内其他章节未述及的国防产品标准订购单位的要求，包括采用的标准制定程序和制定周期变更等信息。

《标准制定任务书》中，需要随附《标准初稿协调单位目录》，以及标准征求意见稿征求意见单位目录。二者作为《标准制定任务书》的附件提交。

《标准初稿协调单位目录》中包含如下单位：

（1）国防产品标准订购单位；

（2）国防产品标准化归口单位，其专业范围涵盖标准化对象，但该机构不能作为标准主编单位；

（3）国防产品标准化归口单位的俄罗斯国防部军事代表机构；

（4）俄罗斯国防部国家科学计量中心，协调包含测量要求的标准；

（5）俄罗斯技术法规和计量局的组织机构，该机构将编制年度计划中规定的标准送审稿，一般称之为"筹备单位"；

（6）作为该标准主要潜在用户的组织机构；

（7）标准化计划建议书中指定的组织机构（前6项除外）；

（8）国防产品标准订购单位、国防产品标准化信息中心和标准主编单位确定的组织机构。

如果第7项到第8项所列组织机构的总数超过5个，则允许为这些企业单独列出一份目录，在《标准制定任务书》批准后的10日内，标准主编单位根据该目录发出标准制定通知。根据收到的来自标准初稿协调单位的申请书，由标准主编单位提交给这些单位征求意见。

《标准送审稿协调单位目录》包括：

（1）国防产品标准订购单位；

（2）国防产品标准化归口单位，其专业范围涵盖标准化对象，但该机构不作为标准制定方；

（3）国防产品标准化归口单位的军事代表机构；

（4）建议书中指定的组织机构；

（5）国防产品标准订购单位和国防产品标准化信息中心确定的组织机构，以及标准主编单位确定的组织机构。

必要时，《标准制定任务书》中还需要附上向其发出标准制定通知的单位清单。

《标准初稿协调单位目录》以及《需向其提交标准开始制定通知书的单位目录》的编写格式参见表7-2，目录由标准编制单位的分支部门负责人签字。

表7-2 标准初稿协调单位目录

机构名称	地址（必要时）

标准送审稿需要与之协调单位的单位目录编写格式参见表7-3，目录由标准编制单位的分支部门负责人签字。份数由国防产品标准订购单位确定。

表7-3 《标准送审稿》协调单位目录

单位名称	地址（必要时）	标准份数

针对现行标准的修订工作，在《标准制定任务书》中通常还要规定将修订后的标准发给曾经参与现行标准制定、技术讨论和审查的单位，以确保工作的全面性。

《标准制定任务书》在提交批准之前，需要与驻编制单位的军事代表机构协调一致。

相关单位负责人按照图7-3的顺序签署《标准制定任务书》。任务书需要包含《标准初稿协调单位目录》和《标准送审稿协调单位目录》，其位置在任务书正文之后、附录之前。

标准主编单位要与标准参编单位、负责监督标准制定相关的科研或试验设计工作的俄罗斯国防部军事代表机构（驻编制单位的军事代表机构）以及国防产品标准化信息中心共同协调《标准制定任务书》。

根据国防产品标准订购单位的决定，标准主编单位要与专业范围涵盖标准化对象的国防产品标准化归口单位协调《标准制定任务书》。

《标准制定任务书》的协调期限，自其收到之日起不超过10日。

对《标准制定任务书》无意见、建议和补充时，参与协调的企业要签署《标准制定任务书》。对《标准制定任务书》有意见、建议和补充时，参与协调的企业需要在规定的期限内将意见、建议和补充提交给标准主编单位。

当《标准制定任务书》有分歧时，由国防产品标准订购单位做出最终决议。

标准主编单位将协调后的《标准制定任务书》（一式两份）提交给国防产品标准订购单位以供其批准。

国防产品标准订购单位在收到《标准制定任务书》之日起不超过10日内完成审查和批准。

1）标准制定部门负责人	
	职务，个人签名，完整签名
2）标准主编单位负责人	
	职务，个人签名，完整签名
同意**	
标准参编单位负责人	
	个人签名，完整签名
同意**	
俄罗斯国防部国家科学计量中心负责人	
	个人签名，完整签名
同意	
国防产品标准化归口单位负责人	
	个人签名，完整签名
同意	
俄罗斯国防部军事代表机构负责人	
	个人签名，完整签名
同意	
国防产品标准化信息中心负责人	
	个人签名，完整签名

图7-3 《标准制定任务书》主编单位负责人的签字及其协调顺序

标准主编单位需要将经批准的《标准制定任务书》副本提交给标准参编单位以及国防产品标准化信息中心。

需要进一步明确标准名称、标准制定目标和任务、指标修正、规范和要求、参与协调的企业目录和工作期限时，需要对经批准的《标准制定任务书》制定变更单，并按照《标准制定任务书》相同的程序进行协调和批准。经批准的《标准制定任务书变更单》，需要包含指明变更原因以及被变更章节的内容。

《标准制定任务书变更单》的封面和《标准制定任务书》的封面格式基本一致。不同之处在于标准名称下方需要注明变更的编号和名称，格式见示例。

示例
《第_____号变更生效》

如果变更的内容较少，也可以在封面上显示变更内容。

《标准制定任务书变更单》发布之后，在《标准制定任务书》的封面上，文件名称的下方需要作变更生效的标记并注明变更编号，格式见示例。

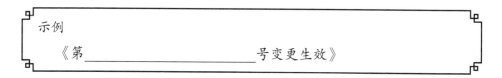

示例
《第_____号变更生效》

任务书变更单的编号由任务书的编制方赋予。

二、发出标准制定通知

《标准制定任务书》批准之后，标准主编单位如果有需要通知的单位，可以发出标准制定通知。标准主编单位负责人需要在通知上签字。通知中包括的主要内容如下：

（1）标准名称；

（2）限制标准发布的密级标识；

（3）标准化对象的拟规定要求清单；

（4）正在制定的标准与相似国际或地区标准的差异（如果有）；

（5）标准主编单位的信息（名称、邮箱信息、电报信息、主编单位的名称、联系电话）；

（6）标准初稿寄出方式的询函（纸质版或电子版资料）；

（7）标准初稿寄出申请书的提交期限和提交方式，接收申请书的主编单位负责人的姓名等。

三、编制并提交标准初稿

标准编制的依据是《标准制定任务书》和相关的国家军用标准。在制定标准的同时，需要编写《编制说明》，如果《标准制定任务书》有明确规定，还需要制定《标准实施的主要措施计划》。

标准初稿的《编制说明》中需要列出标准的名称、标准的制定阶段，以及如下信息：

（1）标准制定的依据；

（2）标准化对象的简要说明；

（3）标准符合标准化对象适用俄罗斯法律、技术规程的信息，关于制定时使用先进国际标准、地区标准或国外标准，标准化规范和建议等信息；

（4）是否有必要制定标准实施的主要措施计划；

（5）实施标准的技术经济效益（如果有），并指明计算方法或不采用该方法的相关依据；

（6）标准与其他国防产品标准化文件之间相互关系的信息，以及其修订、变更或废止方面的建议；

（7）标准的预计生效日期；

（8）信息来源；

（9）关于科学技术委员会（含分会）召开标准审查和审查结果的信息。

将《国防产品标准化文件目录》中未涵盖的国家标准列入标准的规范性引用文件时，标准初稿的《编制说明》中要说明引用该国家标准的必要性和合理性。提出将此类标准列入文件目录的建议，以及将其归口至负责管理此类标准的国防产品标准化归口单位的建议，以便于后续对其进行修订、变更或废止。

《标准实施的主要措施计划》中规定如下内容：

（1）对设计文件和工艺文件进行变更，以及对与标准相互关联的国防产品标准化文件进行变更；

（2）完善产品质量控制系统；

（3）标准实施的物质技术保证措施；

（4）保证产品生产符合标准规定的生产准备措施；

（5）完善计量保证体系。

标准主编单位的负责人、分支部门负责人，以及标准制定负责人需要在标准初稿、《编制说明》，以及《标准实施的主要措施计划》（如有）等的最后一页签字确认。当存在标准参编单位时，参编单位负责人也要签字确认。

在提交征求意见之前，需要对含《编制说明》的标准初稿，以及《标准实施的主要措施计划》（如果对此有明确规定）进行审查，以确定其是否符合《标准制定任务书》的相关规定，并由驻编制单位的军事代表机构的负责人在不超过25日的期限内，在标准和计划的最后一页"同意发出征求意见"字样下方签字确认。

在发出标准初稿征求意见之前，必要时，在科学技术委员会（分委员会）或有驻编制单位的军事代表机构以及其他相关组织机构参与的标准主编单位的技术会议上，对包括《编制说明》和《标准实施的主要措施计划》的标准初稿进行审查。需要在《标准制定任务书》中规定是否需要对标准进行此类审查。

标准主编单位需要将标准初稿与《标准实施的主要措施计划》一同提交给《标准制定任务书》中的相关单位和寄出标准初稿审查申请的相关机构（如有）进行审查和征求意见。

如果标准不需要提交给国防产品标准化信息中心征求意见，则标准主编单位需要将"标准初稿提交函"的复印件提交给国防产品标准化信息中心。

除另有说明外，被征求意见单位需要在收到标准之日起30日内，对标准提出反馈意见，并以文件的形式提交给标准的主编单位。

需要针对整个标准、各章节和内容提出具体且合理的意见和建议。提倡反馈意见时给出各个条、项、段落、表格、附录和图表等修改后的措辞。

如果相关机构未在规定期限（额外考虑邮寄所需的10日）内针对标准给出反馈意见，则视为没有意见和建议。

根据所收到的反馈意见，标准主编单位向国防产品标准化归口单位（其职责范围涵盖引用的国家标准）提交关于将正在制定标准中引用和参考的国家间标准和国家标准列入《国防产品标准化文件目录》的建议。将引用标准列入《国防产品标准化文件目录》的信函的格式见图7-4。

致标准化归口单位信函

压角章

联邦国家国有企业俄罗斯机器制造标准化科学研究所负责人

国防产品标准化归口单位的名称和接收人地址

根据联邦国家国有企业俄罗斯国防产品和技术标准化科学研究院的2014年标准化计划（主题0001.002-13），制定了国家军用标准 ГОСТ РВ 0001-003《国防产品标准化系统 国家军用标准 制定、批准、更新、废止 基本规定》。

在标准中，参考了以下国家标准的规范性引用文件，这些标准属于在通用标准方面作为国防产品标准化归口单位的联邦国家国有企业"俄罗斯机器制造标准化科学研究所"的责任范围：

ГОСТ Р 1.6-2013《俄罗斯标准化 标准 审查机构》；

ГОСТ Р 7.0.4-2006《信息、图书馆和出版事务的标准体系 出版 出版说明 一般要求和编制规则》。

相关机构对带有建议规范性引用文件的标准的反馈意见是认可的。

如果您同意，谨请根据国家军用标准 ГОСТ РВ 0001-003（第4.4.10条），向国防产品标准化信息中心提出建议，将上述标准列入《国防产品标准化文件目录》。

联邦国家国有企业俄罗斯国防产品和
技术标准化科学研究院院长
标准编制单位负责人

个人签名，完整签名

图7-4　致标准化归口单位信函示例

如果同意该项建议，则国防产品标准化归口单位需要在10日内向国防产品标准化信息中心发出建议将引用和参考的国家间标准和国家标准列入《国防产品标准化文件目录》的信函。信函抄送给标准主编单位。将引用标准列入《国防产品标准化文件目录》的信函的格式见图7-5。

致国防产品标准化信息中心信函

压角章

         俄罗斯国防部装备局负责人
         国防产品标准化信息中心履行职能的机构名称

       抄送：联邦国家国有企业俄罗斯国防产品
         和标准化科学研究院负责人
          标准编制单位名称

根据国家军用标准 ГОСТ РВ 0001-003（第4.4.10条），谨请将下列国家标准列入国防产品标准化文件目录，供制定国家军用标准时参考：

ГОСТ Р 1.6-2005《俄罗斯标准化 标准 审查机构》；

ГОСТ Р 7.0.4-2006《信息、图书馆和出版事务标准体系 出版 出版说明 一般要求和编制规则》。

联邦国家单一制单位俄罗斯机器制造标准化科学研究所将在上述标准的整个生命周期（更改、复审、废止）中对这些标准进行跟踪，并提出完善这些国家标准在文件目录中信息的建议。

联邦国家国有企业俄罗斯机器
 制造标准化科学研究所所长

———————
国防产品标准化归口单位负责人

            ———————
            个人签名，完整签名

图7-5 致国防产品标准化信息中心信函

向国防产品标准化归口单位和国防产品标准化信息中心发送将国家间

标准和国家标准列入《国防产品标准化文件目录》的函件信息，需要列入到标准征求意见稿的《编制说明》中。

如果国防产品标准化归口单位不同意标准主编单位提出的将标准列入《国防产品标准化文件目录》的建议，则标准化归口单位需要在上述规定期限内将其对该问题的意见提交给标准主编单位。

四、完善标准，提交标准征求意见稿

对于标准征求意见稿以及《标准实施的主要措施计划》（如有）的意见和建议，标准主编单位需要以意见汇总表的形式形成一份文件。

如果对标准征求意见稿存在原则性分歧，则主编单位需要与提出意见的机构代表组织一次有编制单位的军事代表机构参加的研讨会，并在会上对分歧做出最终决定。决定需要形成文件记录。

标准征求意见稿以及《标准实施的主要措施计划》（如有），编制时需要考虑已收到的标准初稿的意见和建议，以及消除分歧研讨会上颁布的决定（如有）。

标准征求意见稿及其《编制说明》《标准实施的主要措施计划》（如有），在提交征求意见之前，需要审查其是否符合《标准制定任务书》的相关规定，来自相关机构的反馈意见和建议是否落实，科学技术委员会和协调会议（如有）的决议是否已考虑，并由设置在编制单位的军事代表机构的负责人于20日内在最后一页的"同意发出以供征求意见"字样下方签字确认。

如果存在分歧，则由标准订购单位做出最终决定。

标准征求意见稿需要与标准征求意见稿的《编制说明》、意见汇总处理表和《标准实施的主要措施计划》（如有）一起，提交给《标准制定任务书》中所列协调单位目录的相关企业进行协调：标准征求意见稿的《编制说明》中补充征求意见稿的提交信息和原则性意见和建议的简要说明，注明国防产品标准化归口单位致国防产品标准化信息中心的"建议将标准规范性引用文件中提及的国家间标准和国家标准列入《国防产品标准化文件目录》的信函"的发文号；标准征求意见稿及其《编制说明》，以及

《标准实施的主要措施计划》（如有），需要由在标准初稿相似文件上签过字的签署人签字确认。

如果标准不需要提交给国防产品标准化信息中心进行协调，则标准主编单位需要将"标准征求意见稿提交函"的复印件提交给国防产品标准化信息中心。

同意或不同意标准征求意见稿，需要由被征求意见单位负责人（其副职）在征求意见稿提交之日起不超过30日内以信函形式反馈，并形成文件凭据。

在意见反馈函中，不允许存在"同意，考虑采纳函件中所列的意见"等相似记载。

如果对标准征求意见稿存在分歧，标准主编单位需要与未达成一致的组织机构召开协调会议，并由国防产品标准订购单位和驻编制单位的军事代表机构参会。会议邀请函的发出人需要保证与会人员在会议开始前的10日内收到邀请函。会议的负责人由国防产品标准订购单位担任。会上主要解决与标准相关的分歧。国防产品标准订购单位给出的意见为决定性意见。会议结果形成会议纪要，会议负责人和所有与会人员均需要在会议纪要上签字。根据会上做出的决定，标准主编单位对标准进行完善，并与此前未达成一致意见的组织机构进行协调。

只有当标准要求的含义发生变化，标准的指标和要求需要更正时，才重新协调。协调单位范围包含对标准达成一致的组织机构。编辑上的更改，不能作为重新协调的理由。

五、提交标准送审稿

协调完成后，标准主编单位需要在年度计划规定的期限内，将签署过的标准和成套文件一起提交给筹备单位，以便进行颁布的准备工作。

提交标准送审稿的随附函，由标准制定归口单位的负责人签字确认。

随附函中需要注明负责标准审查工作的标准主编单位的名称及办公电话号码。

随附函后需要附有：

（1）标准原件，一份；

（2）标准原件的副本，两份；

（3）电子版标准的复印件；

（4）《编制说明》，除标准初稿和征求意见稿的编制说明中规定的信息以外，还需要注明标准协调、标准实施日期建议和标准印刷数量方面的信息；

（5）《标准制定任务书》的副本；

（6）《标准实施的主要措施计划》（如有）；

（7）标准协调证明文件原件；

（8）协调会议的会议纪要（如召开会议）；

（9）测量方法审查证明副本；

（10）标准初稿的意见汇总表。

标准主编单位需要将"关于向筹备单位提交标准的函"的副本抄送俄罗斯国家标准化与计量委员会和国防产品标准化信息中心。

六、准备标准报批稿

筹备单位负责完成标准送审稿的编制工作。筹备单位需要在标准颁布年度计划规定的期限，一般是收到标准后的4~5个月内，开展如下工作：

（1）对标准主编单位提交的成套文件开展来件检验；

（2）检查与标准一起收到的文件的技术内容；

（3）组织对标准进行审查；

（4）审查标准；

（5）组织初稿、终稿标准的出版编辑工作；

（6）根据标准的审查结果编写结论，与筹备单位的军事代表机构协调；

（7）编写标准获批发布令的，正式的标准发布令由俄罗斯技术法规和计量局发出。

标准提交后，筹备单位需要在5日内检查文件的完整性和格式是否正确（来件检验）。

如果收到的成套文件不完整或格式不正确，则筹备单位需要向主编单位索要缺失的文件，并决定是否继续进行标准的工作，抑或暂停工作并退回已收到的文件。

如果缺少的文件自要求之日起15日内没有送达筹备单位，则筹备单位需要将整套文件退还给主编单位。退还文件的随附函需要与筹备单位的军事代表机构协调确定。

筹备单位需要将成套文件退还函的副本抄送俄罗斯技术法规和计量局、国防产品标准化信息中心以及筹备单位的军事代表机构。

在检查同标准一起收到的文件时，筹备单位需要对标准征求意见稿的《编制说明》、意见汇总表和协调函进行检查。该检查需要与来件检验在同一期限内同时间进行。

检查《编制说明》时，需要确定其内容是否包含了规定的技术要素和内容。此时，还要特别注意《编制说明》中是否存在如下信息：

（1）根据《标准制定任务书》的相关规定提供的征求意见和协调用文件的提交信息；

（2）标准是否符合联邦法律和法规的信息，以及标准所符合国际标准和地区标准的信息；

（3）复审、更改或废止与标准相关的、俄罗斯以前批准（颁布）的，并作为国防产品标准化文件生效的标准的具体建议；

（4）相关组织机构发出的书面形式意见的摘要；

（5）将标准的援引参考标准列入《国防产品标准化文件目录》的信息。

检查意见汇总表和协调函时，还需要检查其内容是否符合内容和格式的相关规定。

筹备单位在来件检验和文件检查合格的情况下，组织对标准进行审查，审查工作一般在30日内进行。审查标准时，筹备单位要进行如下检查：

（1）标准名称与《标准制定任务书》和年度计划是否相符；

（2）标准制定程序的遵守情况，其中包括检查征求意见和协调用标准提交的完整性；

（3）标准的内容是否符合联邦法律法规，以及标准化对象适用技术规程的规定；

（4）标准中所用计量单位的名称和代号是否符合国家标准 ГОСТ 8.417 的相关规定（如果标准无需进行计量审查）；

（5）标准中所用术语是否符合术语标准；

（6）标准的条款是否符合与此相关的国防产品标准化文件的规定；

（7）标准《编制说明》中废止、修订或变更相关标准的建议是否合理、充分；

（8）标准的布局、表述、编制和目录是否符合标准编写的有关要求；

（9）国防产品标准分类代码和分类标志命名及记录的正确性。

标准一般在 30 日内进行审查。

收到审查意见后，筹备单位将底稿提交给俄罗斯技术法规和计量局出版印刷联合企业进行初步出版编辑。标准初步出版编辑，需要标准主编单位的参与。所有拟议的出版校对均将纳入需返还筹备单位的底稿中。自筹备单位将标准提交俄罗斯技术法规和计量局出版印刷联合企业之日起的 30 日内进行出版编辑。

根据标准的范围和俄罗斯技术法规和计量局出版印刷联合企业的工作情况，经筹备单位同意，可以修改出版编辑期限。在这种情况下，根据筹备单位的请求，国防产品标准化信息中心需要按规定程序修改年度计划规定的标准颁布期限。

完成出版编辑后，筹备单位需要将带有《编制说明》、《标准制定任务书》复印件、《标准实施的主要措施计划》（如有）、协调会议的会议纪要（当其召开时）、标准初稿的意见汇总表，以及筹备单位的意见和专家意见的底稿提交给这些机构的军事代表机构进行初审。

筹备单位的军事代表机构需要在 20 日内审查标准及标准的配套文件，并提出意见，这些意见连同配套文件一起提交给筹备单位。

在筹备单位、筹备单位的军事代表机构对标准进行审查时，以及对标准进行编辑出版时，需要确定是否有必要对标准进行完善，如果无需将标准返还给标准主编单位，则需要在执行单位的参与下，由筹备单位对标准主编单位提交的原件和其他文件进行必要的修改。

标准需要在筹备单位收到俄罗斯国防部军事代表机构意见，以及从俄罗斯技术法规和计量局出版印刷联合企业处收到内含编辑校对的底稿后的7日内进行完善。

筹备单位需要将记入变更的原件，连同底稿一起提交给俄罗斯技术法规和计量局出版印刷联合企业进行定稿。俄罗斯技术法规和计量局出版印刷联合企业需要在15日之内进行定稿，并在原件的每一页上加盖"付排"印章，并将校订人签字后的原件和底稿返还给筹备单位。在有合理依据的情况下，定稿期限可以适当变更。

如果在对标准进行审查和出版编辑时，发现标准或同标准一起收到的文件需要进行大量的再处理工作，则筹备单位需要在收到检查结果和审查报告后不超过7日内编制一份审查报告，并与筹备单位的军事代表机构共同协调，最终将整套文件连同此份审查报告一起返还给标准主编单位供其完善。筹备单位需要将"完善用成套文件返还函"的副本抄送技术法规和计量局、国防产品标准化信息中心。与订购单位重新协调后，完善后的全套文件需要在自返还之日起不超过30日的期限内重新提交给筹备单位。

按照相关规定，如下列情况，需要与有关组织机构一起对标准进行重新协调：

（1）标准制定订购单位的决定需要重新协调的；

（2）标准主编单位的决定（如果标准规定的主要指标发生重大变更）需要重新协调的；

（3）收到标准协调函时间已超过一年以上，需要重新协调的。

在这种情况下，年度计划规定的标准送审稿的提交日期和标准的颁布日期，需要由国防产品标准化信息中心按照与标准制定订购单位协调的标准主编单位的请求，根据规定程序进行修改。

自收到俄罗斯技术法规和计量局出版印刷联合企业的带"付排"印章的原件后不超过7日内，需要通过筹备单位的结论形成标准的审查结果。标准的审查结果通常需要包含以下内容：

（1）标准名称；

（2）标准主编单位的详细信息，以及其邮寄地址、电子邮箱和电话号码；

（3）标准的特点及其协调结果；

（4）符合规定的审查结果；

（5）标准实施日期和标准概略印数的建议；

（6）筹备单位的详细信息，以及其邮寄地址、电子邮箱和电话号码；

（7）待颁布标准编制工作的筹备单位负责人，以及分支机构负责人的签字。

为了快速传达新颁布标准事宜，筹备单位需要编写一份标准颁布函（图7-6）和一份标准颁布函发送单位名单（图7-7）。标准颁布函需要提交给所有国防产品标准化归口单位、国防产品标准化信息中心、国防产品标准订购单位和标准的主编单位。

压角章	
	限制发行的密级标识
	收件人的名称及地址
俄罗斯技术法规和计量局采用国家军用标准 ГОСТ РВ（国防产品标准化建议 РВС、国防产品标准化规范 ПВС）_____	
（第____号令）自____日起实施。	
国家军用标准 ГОСТ РВ（国防产品标准化建议 РВС、国防产品标准化规范 ПВС）编号和名称	
规定_____ 内容	
国家军用标准 ГОСТ РВ（国防产品标准化建议 РВС、国防产品标准化规范 ПВС）摘要	
为了及时向贵单位提供所需数量的上述国家军用标准 ГОСТ РВ（国防产品标准化建议 РВС、国防产品标准化规范 ПВС），请在收到本通知书之日起1个月内向俄罗斯技术法规和计量局出版印刷单位提交国家军用标准 ГОСТ РВ（国防产品标准化建议 РВС、国防产品标准化规范 ПВС）的订购单。	
附录：国家军用标准 ГОСТ РВ**____ 登记编号：____ 份号：____	
负责人	
_____ 登记机构名称	_____ 个人签名，完整签名

图7-6　标准颁布函

国防产品标准化归口单位需要在其职责范围内，向相关组织机构发出通知，以告知标准的颁布情况。必要时，可以补充发送标准颁布函的企业目录。

限制发行的密级标记

国家军用标准 ГОСТ РВ（国防产品标准化建议 РВС、国防产品标准化规范 ПВС）标准颁布函发送单位名单

标准代号

序号	机构（单位）名称	地址	登记编号		备注
			信函	标准	
1	2	3	4	5	6

负责人_____

　　　　　　　　　　　　　　　　　　_____
　　　　　　　　　　　　　　　　　　个人签名，完整签名
俄罗斯国家标准化与计量委员会负责人

　　　　　　　　　　　　　　　　　　_____
　　　　　　　　　　　　　　　　　　个人签名，完整签名
同意
俄罗斯国防部军事代表机构处负责人
（直属筹备单位）

　　　　　　　　　　　　　　　　　　_____
　　　　　　　　　　　　　　　　　　个人签名，完整签名

图7-7　标准颁布函发送单位名单的格式

筹备单位的审查意见以及标准颁布函的发送单位目录，需要同每页均带"付排"印章的标准和规定提交的其他文件一起，提交给筹备单位的军事代表机构进行协调。军事代表机构协调后的文件，需要在15日内返还给筹备单位。

为了颁布和实施标准，筹备单位需要编制一份俄罗斯技术法规和计量

局指令的文件。指令的保密级别由执行单位决定。如果指令中无需指定保密级别，则标注"供官方使用"。指令中需要注明标准的类型、标准名称和实施日期——自该标准颁布之日起不少于6个月。在特殊情况下，可以在标准颁布之日起6个月内确定标准的实施日期。在这种情况下，筹备单位需要确保将已颁布的标准复印件和标准颁布函一起提交给标准的主要用户。

如有《标准实施的主要措施计划》，则指令中需要包括一条通过该计划的条款，计划由相关机构连同标准颁布函一起发出。如果随着该标准的实施，以前的标准被废止或失效，则指令中需要包括相需要说明条款。

筹备单位向俄罗斯技术法规和计量局提交如下文件：

（1）俄罗斯技术法规和计量局的指令；

（2）文件内部含有所做变更且每页都带"付排"印章的标准原件，以及编制的文件内部含有所做变更的标准的复印件；

（3）筹备单位的结论；

（4）《标准实施的主要措施计划》（如有）；

（5）标准颁布函的发送单位目录。

七、批准和登记标准，发出颁布该标准的颁布函

编制待批准的标准时，俄罗斯技术法规和计量局负责人需要采取相应措施，并考虑本标准规定的标准制定、批准和登记特点。

标准批准的指令，需要在送达俄罗斯技术法规和计量局后的7日内签署。下达指令的同时，批准《标准实施的主要措施计划》（如有）和标准颁布函的发送单位清单。在标准原件上需要加盖"大纲"印章，而在原件的复印件上，需要加盖"批准"印章。所签署的指令以及需提交给俄罗斯技术法规和计量局的其他文件，需要返还给筹备单位。

筹备单位需要编制标准档案清单，格式见图7-8，并在俄罗斯技术法规和计量局返还文件后的7日内，将编写完成的标准档案提交给俄罗斯技术法规和计量局承担标准统计（登记）职能的机构。

与标准档案一起提交的有：

（1）已颁布标准的原件（带"付排"印章和"大纲"）；

标准档案内的文件清单		
标准编号和名称		
序号	文件名称	页码
1	关于提交标准送审稿的信函	
2	加盖批准章的标准报批稿复印件	
3	标准实施计划复印件 **	
4	标准编制说明	
5	技术任务书的复印件	
6	已收到的标准送审稿的复印件	
7	筹备单位结论	
8	审查结论	
9	关于标准草案协调的文件原件	
10	协调会的会议纪要 **	
11	标准草案反馈意见汇总表	
12	标准颁布函	
13	标准草案报送登记函	
14	颁布函的发送单位清单	
筹备单位分支部门负责人	个人签名，完整签名	

图 7-8　标准档案清单

（2）已颁布标准原件的副本（带"批准"印章）；

（3）底稿；

（4）电子版标准的副本；

（5）标准实施的主要措施计划（如有）；

（6）主编单位向筹备单位提交的、未列入档案的其他文件。

标准登记单位在不超过7日的期限内完成标准的登记编号等工作，具体的工作内容如下：

（1）对所签署的颁布指令进行登记。对新颁布的标准赋予代号和登记编号；

（2）将指令复印件、标准颁布函发送单位清单、已颁布标准的原件（带"付排"和"大纲"印章），以及底稿提交俄罗斯技术法规和计量局出版印刷联合企业进行出版；

（3）根据标准颁布函发送单位清单，发送标准颁布函，以及《标准实施的主要措施计划》（如有）的复印件；

（4）向订购单位、标准主编单位、国防产品标准化信息中心，以及筹备单位的军事代表机构提交标准获批颁布函的复印件、已颁布标准（带"批准"印章）的复印件、《标准实施的主要措施计划》（如有）的复印件；

（5）在标准实施日前不晚于3个月内，在定期的《国家军用标准目录的变更》中公布标准颁布和实施的信息。

登记机构需要在专用记录本中记录已报批的标准，并在该记录本中注明：

（1）俄罗斯技术法规和计量局发出的标准获批颁布令的日期和编号；

（2）标准代号；

（3）限制标准发行的字样；

（4）标准类别和名称；

（5）标准实施日期；

（6）标准参考文献资料中注明的国防产品标准分类代码；

（7）标准主编单位的名称。

根据记录本中的这些信息，登记机构着手编制《国家军用标准目录的变更》和目录的出版事宜。

为了保证国防产品标准化信息中心数据库中标准的统计，标准主编单位需要在收到登记机构提交的已颁布标准之后，不超过15日内，向国防产品标准化信息中心提交PDF格式的电子版已颁布标准的复印件。复印件中需要包含筹备单位所做的变更，所有页码均需要显示标准的完整代号（如果对此有明确规定），以及标准获批颁布令所规定的标准实施日期。

国防产品标准化信息中心按照规定格式将已颁布标准的信息录入到数据库中。国防产品标准化信息中心从标准主编单位处收到已颁布标准的电子版或复印件，是将标准制定事宜视为已完成，并从年度计划中删除。

标准的档案由登记机构负责保管。每一份已颁布的标准均需要单独成卷。标准档案的编制、格式和管理均需要根据标准化规范 ПР 50.1.074-2004的第五章和第六章执行。标准档案的封面按照图7-9的格式编制；档案中的文件清单按照图7-8的格式编制。

```
资料编号_____                                    _____
                                              限制发行的密级标识

                            标准档案  编号_____
    _____
                              标准类别名称

                               _____
                                标准代号

                          _____
                                标准名称

                            _____
                               档案编制年份
                                                      第_____页
                                                        永久保存
```

图7-9 标准档案封面的格式

俄罗斯技术法规和计量局出版印刷联合企业将正式出版的两份标准提交登记机构，登记机构建立和维护标准资料库，确保标准在废止（失效）

后的10年内的档案保管。

目前,俄罗斯国家军用标准制定程序也存在一些待优化之处。国家军用标准制定经费的拨款不是在俄罗斯技术法规和计量局批准颁布标准之后,而是在此之前,即编制方将标准提交订购单位接收的阶段。标准编制合同在(订购单位)接收报批稿后结束了,编制方在收到合同款后便失去了对下一步标准颁布工作的兴趣。

在俄罗斯技术法规和计量局正式颁布标准前,报批稿要接受标准化检查和审核,由此可能发现标准报批稿中一些需要完善的内容。另外在标准颁布前的准备工作中,由于种种原因,国防部的军代表可能对订购单位已接收的标准报批稿再次复查,一般会提出一些建议和问题。还有,俄罗斯技术法规和计量局的办事机构可能也会提出这样或那样的问题。在解决上述工作中发现的问题,完善甚至重新协调标准内容时,已经没有相应的经费支持了。于是,出现了标准制定费用已用完,标准的报批稿还没有完成颁布前的准备工作的情况。

解决上述问题可以有不同的方法,其中包括将 BΠ 5520 中标准报批稿复查改在订购单位接收报批稿之前。激励编制单位处理标准化检查和审定中发现的问题,以及进行标准完善工作,还可以采取以下方法:订购单位从编制方处接收的不是标准的报批稿,而是俄罗斯技术法规和计量局组织标准化检查和审核(意见)后的标准完善稿。

第二节　国家军用标准更新(更改、复审)和修订程序

标准更新是标准化工作的一项重要内容,旨在提高标准科技水平,通常由标准主编单位进行。在不影响(按现行标准和变更版标准制造的)产品互换性和兼容性的情况下,制定标准的变更,增减标准的个别要求、引入更先进的技术要求。标准变更的主编单位需要分析并汇总其他机构提出的标准变更建议。仅包含参考文件内容变更的标准变更,一般不制定独立的变更文件,而是一并在标准技术内容更改时做变更。

标准变更的制定和协调按标准制定程序进行。如果年度计划中有规定，则需要制定《标准变更任务书》；而标准的变更需要与原标准协调一致的组织机构协调。标准变更的内容按照标准编写规定表述和拟定。标准的变更页的格式按照图7-10和图7-11的规定编制。更改最后一页的签名与标准内的签名相同。

```
资料编号_____                _____
                                  限制发行的密级标识
                                  份号_____


更改号_____  _____
                     标准编号和名称


由俄罗斯技术法规和计量局____年____月____日第____号令通过并生效。

                              实施日期：____年____月____日




                            更改文本




```

图 7-10　标准更改第一页页面的标准格式

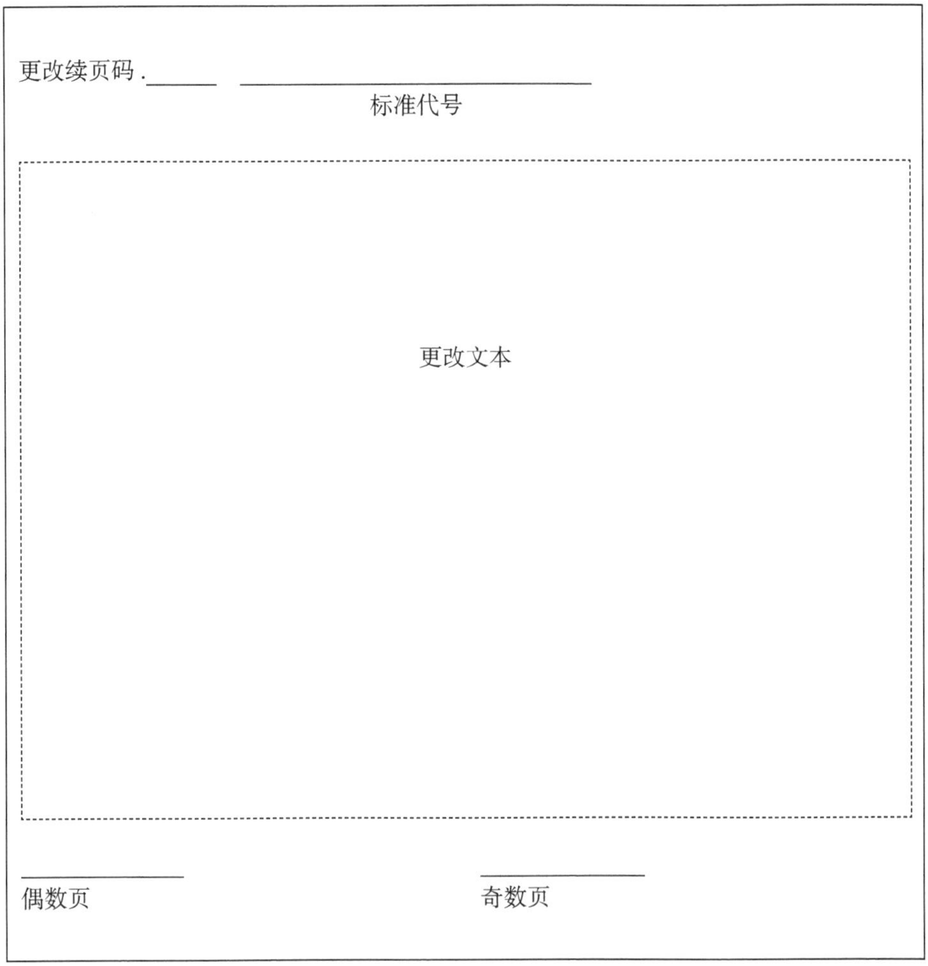

```
更改续页码._____  _____
                         标准代号




                              更改文本









_____              _____
偶数页                        奇数页
```

图 7-11　标准更改第二页及后续页面的标准格式

如有必要，制定标准变更时，同时编制相关标准化文件的更新建议。标准变更连同变更后的标准一并提交给筹备单位。标准变更的颁布和实施期限的确定（自变更颁布之日起不少于六个月），由俄罗斯技术法规和计量局根据法令落实。批准标准变更的法令，通常不晚于该变更预计实施日期前7个月提交俄罗斯技术法规和计量局。对于标准的每一次变更，登记机构均需要赋予一个顺序号，而国防产品标准化信息中心将其列入标准数据库中。标准的每一次变更均需要按照编写标准档案相似的方式编制单独的档案。

当需要对标准化对象提出更先进的新要求时，以及需要变更标准时，将对现行标准进行修订，此过程与制定新标准相同。新标准颁布后现行标准将废止，在新标准中注明被替代的标准。现行标准废止应谨慎。对于一些老设计引用的标准，很难随新标准的颁布而更新相关的技术文件。因此，对被修订的标准需要先以限用为宜，废止需要进行充分的调研。俄罗斯的做法是在标准复审时对标准的新旧版本进行分析，当分析结论是对于某个产品而言，新旧标准不可替代时，老标准不会被废止，因为仍然还要使用，按其生产和制造产品，并对以前生产的正在使用中的产品进行维修。在这种情况下，主编单位在修订标准的同时，还需要编制现行标准的变更，以明确其适用范围。

> 示例
> 本标准仅适用于生产备件和维修使用中的产品。

在此情况下，标准变更所针对的老标准的代号将保留。因此在修订标准时，同时提出更新或废止相关国防产品标准化文件的建议十分必要。标准登记机构需要在变更实施日前3个月内在定期的《国家军用标准目录的变更》中公布。变更文本需要提交给订购单位、标准主编单位、国防产品标准化信息中心、标准筹备单位的军事代表机构和申请提交的相关机构。

第三节　国家军用标准废止程序

废止国家军用标准是一项非常慎重的工作，俄罗斯一般会在以下几种情况下，决定废止国家军用标准：

（1）新标准和老标准对同一标准化对象都适用，且无需按照老标准制造和维护标准化对象；

（2）停止按本标准进行的产品生产或施工（提供服务）；

（3）标准与适用于同一标准化对象的其他国防产品标准化文件重复；

（4）缺乏适用性；

（5）违反俄罗斯法律、法规和技术条件。

任何有意向废止某个国家军用标准的机构需要向国防产品标准化信息中心、该类产品的国防产品标准化归口单位，以及登记机构提交一份废止该标准的可行性建议。在废止建议得到同意的情况下，国防产品标准化归口单位将标准废止建议提交给同意颁布和实施该标准的所有机构，以及国防产品标准化信息中心和国防产品标准化归口单位建议的其他机构。

在国防产品标准化信息中心和相关机构的标准废止建议得到同意的情况下，国防产品标准化归口单位向登记机构提交两类文件：一是废止标准的建议，包括替代废止标准的标准信息，或者废止标准无替代标准的信息；二是与国防产品标准化信息中心和有关机构协调废止标准可能性的证明文件。

废止标准而非替代标准，由俄罗斯技术法规和计量局以法令的形式发布实施，法令草案由标准登记机构拟定。因制定新标准取代旧标准而发生的标准废止，由俄罗斯技术法规和计量局以法令的形式发布实施新标准废止老标准的决定，老标准的补充内容（如果已制定）也同时废止。在俄罗斯技术法规和计量局的法令中需要指出原标准及其补充作用范围的变更。登记机构需要记录标准废止（或变更作用范围）令，在定期的《国家军用标准目录的变更》中公布相关信息，通常不晚于标准废止日前3个月。被废止的标准需要继续保存10年，然后销毁，其信息从"目录"中删除。为了保证国防产品标准化信息中心信息库所包含信息的可靠性，登记机构需要向国防产品标准化信息中心提交俄罗斯技术法规和计量局废止标准或变更标准作用范围的指令的复印件。

第四节　国家军用标准制修订程序的特点小结

俄罗斯国防产品标准制修订更强调时效性。对于国防产品标准化工作重要过程和环节，标准一般会给出工作的时效要求。例如：标准制定任务书下达10个日历日后下发启动标准制定工作的通知。标准制定任务书（草案）的协调期限，自其收到之日起不超过10个日历日。提交批准的任务书（草案），需要在自其收到之日起不超过10个日历日内审查和批准。标准初稿征求意见的审批时间不超过25个工作日。被征求意见单位需要在收到标准草案之日起30个日历日内，对标准草案提出反馈意见。《国防产品标准化文件目录》和《国家军用标准目录》等文件的发出和更新也都有相应的时间限制。

标准制定任务书中规定了标准征求意见单位。对于各阶段征求意见，俄罗斯要求在制定标准的技术任务书中写明标准初稿发送单位名单和征求意见稿发送单位名单，标准原文如下："技术任务书需要包含一份标准初稿的征求意见单位目录，以及一份标准送审稿征求意见稿需要与之协调单位的目录，单位目录作为技术任务书的附录提交。"

标准征求意见阶段，不同单位区别对待。对于标准订购单位、国防产品标准化归口单位（专业对口，且不作为标准制定方）、驻国防产品标准化归口单位的军事代表机构、国防部的国家科学计量中心（仅计量标准）、标准的主要潜在用户，征求意见时，直接将稿件发送给上述单位。对于国防产品标准化计划建议书中指定的组织机构、标准订购单位和国防产品标准化信息中心决定的组织机构，以及标准主编单位决定的组织机构，标准主编单位根据任务书中的目录向上述单位发出标准制定通知书，告知其标准正在制定。参与标准征求意见需要这些单位向主编单位提出申请。标准原文规定如下："在技术任务书批准后的10个日历日内，标准主编单位根据该目录发出标准制定通知书。仅根据收到的需要征求意见单位递交的申请书，由标准主编单位将标准初稿提交给这些单位征求意见。"

通过编制说明提取采纳国家标准的信息，作为《国防产品标准化文件目录》的依据。标准原文规定："在标准初稿的编制说明中，俄罗斯国防产品标准编制说明中需要说明引用国家标准的必要性和合理性，将此类标准列入国防产品标准化文件目录的建议，以及将这些引用标准归口至负责管理此类标准的国防产品标准化归口单位的建议。"这条要求不仅与我国国家军用标准编制说明存在明显差异，也充分体现了俄罗斯国防产品标准化军民融合的思想。即：通过编制说明提取采纳国家标准的有关信息，纳入国防产品标准化文件目录进行管理，进而确定国家标准在国防产品标准化领域的管理单位。部分解决了国防产品标准化领域采用国家标准的依据问题，为《国防产品标准化文件目录》的编制提供了支撑。这一点值得我们在国防领域采纳民用标准的相关工作中学习。

标准编制说明要素与我国相比各有所长。对于标准编制说明，俄罗斯联防产品标准的编制说明要求列出标准化对象的简要说明，列出是否有必要制定《标准实施的主要措施计划》，实施标准的技术经济效益（如果有），并指明计算方法或不采用某些方法的相关依据；提出标准复审、变更或废止方面的建议；标准的审查意见也包含在编制说明中。但我国标准编制说明中对于经常需要包含的标准制定过程、主要技术指标确定依据、重大分歧和标准密级确定等内容没有做出具体要求。这也反映出两国标准化发展的区别。

第八章　俄罗斯国家军用标准结构、表述和编写

第一节　标准代号

标准的代号由"国家军用标准 ГОСТ РВ"标志、用空格与标志分隔开的国防产品标准分类的四位数类别代码、用连接号与分类代码分隔开的标准的三位数顺序识别码（从001开始）、用连接号与顺序识别码分隔开的标准的四位数批准年份。

> **示例**
> 国家军用标准 ГОСТ РВ 1055-001-2004

每一个国防产品标准分类内均需要设置标准的顺序识别码。国防产品标准化文件和建议代号的编制与标准的代号相似，但需要采用国防产品标准化文件的标志"ПВС"或国防产品标准化建议的标志"РВС"。每一个国防产品标准分类内均要设置规则和建议的顺序识别码。

> **示例**
> 1 规则代号——国防产品标准化规范 ПВС 0001-002-2005
> 2 建议代号——国防产品标准化建议 РВС 0001-001-2006

国防产品标准分类的四位数类别代码，按主要标准化对象设置。为了

更准确地确定规定代码，建议使用统一编目表中列出的类别组成信息。随着标准（规则、建议）的颁布，登记机构为它们赋予顺序识别码。对于涉及通用标准体系的标准，顺序识别码的赋予需要考虑该体系原有的编号结构。

示例

1 军用装备研制及交付系统国家军用标准的代号——国家军用标准 ГОСТ РВ 0015-002-2012

2 通用任务书综合系统国家军用标准的代号——国家军用标准 ГОСТ РВ 0020-39.101-2005

3 质量管理综合系统国家军用标准的代号——国家军用标准 ГОСТ РВ 0020-57.305-2006

如果未规定系统标准识别码的结构，则为系统内的标准赋予系统范围内的顺序号。

示例

国家军用标准 ГОСТ РВ 0034-001-……

国家军用标准 ГОСТ РВ 0034-002-……

国家军用标准 ГОСТ РВ 0034-003-……

对于要求适用于所有国防产品标准分类和分组的标准化对象，在国防产品标准分类00组"通用标准（通用技术和组织方法的系统和综合体）"中没有规定相应类别的标准，需要设置"其它系统和综合体"类别代码0099。

示例

国家军用标准 ГОСТ РВ 0099-001-2007

对于要求仅适用于若干个国防产品标准分类和分组的标准化对象，在国防产品标准分类00组"通用标准（通用技术和组织方法的系统和综合体）"中没有规定相应类别的标准，需要设置"若干分组标准化对象通用要求的标准和系统"类别代码0098。

在此情况下，在该种标准的参考文献资料中，需要列出本标准适用的国防产品标准分类和分组的"00组"。

> 示例
> 国家军用标准 ГОСТ РВ 0098-001-2006

对于要求适用于所有分组的国防产品标准分类所有类别的标准化对象的标准，需要规定四位数的编码，此编码由分组数字代号（前两位）和该组的"00"（通用要求）组成。

> 示例
> 国家军用标准 ГОСТ РВ XX00-001-2005，其中XX为国防产品标准分类和分组编号

对于要求仅适用于某一个分组的国防产品标准分类若干个类别的标准化对象的标准，需要规定四位数的编码，此编码由分组数字代号（前两位）和该组的"01"（若干个类别标准化对象的通用要求）组成。

> 示例
> 国家军用标准 ГОСТ РВ XX01-001-2006，其中XX为国防产品标准分类和分组编号

在此情况下，在这些标准的参考文献资料中，需要列出本标准适用的所有类别。

第二节　俄罗斯国家军用标准的组成和要素

俄罗斯国家军用标准由诸多单独要素构成，主要包括封面、名称、前言、目录、引言、适用范围、规范性引用、术语和定义、代号和缩略语、技术内容要求、附录和参考文献等。根据俄罗斯国家标准 ГОСТ Р 7.0.4 的要求，标准中还需要包括出版事项。目录、引言、规范性引用文件、术语和定义、代号和缩略语、附录、参考文献等要素是可选要素，根据标准的内容和表述特点决定是否列入文件中。

一、标准封面

在标准封面（第一页）的右上角处有表示限制标准发行的密级标识，标识下方标注标准的份号，左上角处标注资料编号。标准的资料编号和份号由俄罗斯技术法规和计量局出版印刷联合企业在确定标准发行量时赋予。

在封面顶部居中对齐注明《国防产品标准化文件》类别，主要包括国家军用标准、国防产品标准化文件和国防产品标准化建议。国防产品标准化文件类别名称使用大写字母和粗体表示。在标准类别下方，以大写粗体字单独标注文件代号。文件类别和代号上方和下方用4磅的线隔开。在下端线的下方，根据《标准制定任务书》注明标准的名称和"正式版"字样。

标准封面样式见图8-1。

必要时，根据俄罗斯国家标准 ГОСТ Р 1.5（第3.13节）的相关规定，可以对几个标准进行汇编，并赋予一个通用的名称。此时，在标准封面上需要列出标准类别、通用名称、标准代号和"正式版"字样等。出版事项参照俄罗斯国家标准 ГОСТ Р 7.0.4。

二、标准名称

根据俄罗斯国家标准 ГОСТ Р 1.5（第3.13节）的要求规定和编写标准名称。标准的名称需要放在标准的封面上，同时标准名称需要符合国家军用标准 ГОСТ РВ 0001-002（第6.3条）年度计划中的相关要求。

Инв.№ 资料编号	Для служебного пользования 机要 Экз.№ 份号：

3303

ГОСУДАРСТВЕННЫЙ ВОЕННЫЙ СТАНДАРТ

ГОСТ РВ 0001 – 003 – 2015

Система стандартизации оборонной продукции
国防产品标准化系统
СТАНДАРТЫ ГОСУДАРСТВЕННЫЕ ВОЕННЫЕ
国家军用标准
Разработка, принятие, обновление, отмена
编制、审查、更新、废止
Основные положения
基本规定

Издание официальное
正式版

Москва
莫斯科市
Стандартинформ

标准化、计量与合格评定科学技术信息中心
2015

图8-1　俄罗斯国家军用标准封面

三、前言

封面的下一页为前言。前言以项目开头，标题放在当前页面的顶部，采用小写字母（首字母大写）居中对齐。前言中包括标准的相关信息。正文段落使用阿拉伯数字进行编号（1、2、3等），前言中需要包含标准主编单位信息、标准批准和发布信息、代替标准信息、首次发布信息、实施日期信息、再版信息和变更（修订）信息等，见图8-2。

前言
1 编制：联邦国家国有企业"俄罗斯国防产品和技术标准化科学研究院"
2 批准和发布：俄罗斯技术法规和计量局于 2015 年 06 月 03 日第 2-ст 号令
3 代替：国家军用标准 ГОСТ РВ 0001-003-2006
4 发布日期：2015 年 09 月 01 日
本标准的更改、修订（替代）或废止信息，公布在现行国家军用标准目录以及目录变更中。

未经俄罗斯技术法规和计量局、联邦国防部许可，不得将本标准作为正式出版物进行复制、发行和传播。

图 8-2 标准前言

当标准化对象涉及专利时，为了遵守相关俄罗斯法律的规定，在标准的前言部分，需要在标准信息之后增加一条，说明该标准包含的专利、专利类型和专利权所有者的信息。

如果标准主编单位没有相关专利信息，但该标准中可能存在专利权，则在标准前言部分，补充如下信息："俄罗斯国家标准化机构不对本标准是否包含专利权负责。专利权人可以主张自己的权利，并向国家标准化机构提交修订本标准的建议，并说明标准中是否有专利对象和专利权人"。

在标准的前言部分需要说明标准变更、修订或废止相关信息的公布程序："本标准的变更、修订（替代）或废止信息，公布在现行国家军用标准目录以及目录的变更中"。相关信息无需编号，用斜体表示。在"前言"页底部，书写正文内容。

四、目录

"目录"位于标准前言的下一页,是可选要素,标准页数超过24页一般需要设置"目录",如果标准的章、节、附录数量较多,也可以设置目录,由标准主编单位决定。"目录"字样以小写字母(首字母大写)粗体显示,位于页面顶部居中对齐。标准的"目录"部分不标注页码。

"目录"编制遵循的规则如下:

(1)需要列出标准各章的序号和标题、标准附录的代号和标题,必要时,目录也可以列到节;

(2)章节的标题后需要设虚线,然后给出该分章节在标准中的起始页码;

(3)子项的序号需设置段首缩进;

(4)附录代号后方设置括号,在括号内注明附录的性质(强制性、推荐性、资料性);

(5)二级标题和后续标题行与一级标题行对齐;

(6)附录标题的二级和后续标题行从该附录的字母代号向下排序。

五、引言

引言是标准的可选要素。如果有必要说明制定标准的原因,指出标准在一整套标准中的位置,或说明其与其他标准之间的关系,提供其他信息,以便于用户使用该标准,则需要设置"引言"部分。引言不应包含要求。引言的正文部分不可以分成结构单元(即条、分项等)。"引言"在"目录"的后一页(后若干页),不设置"目录"时放置在"前言"后。"引言"字样以小写字母(首字母大写)粗体显示,位于页面顶部居中对齐。

六、适用范围

在"适用范围"中,需要指出标准的用途及其适用的范围(标准化对象），必要时指出标准的具体适用范围。在说明标准的用途和适用范围时，采用的措辞如下：本标准规定了……，或本标准适用于……，并规定了……。

> 示例
> 1 本标准规定了国家军用标准的制定和颁布程序。
> 2 本标准规定了确定服装尺寸时人体测量的要求。
> 3 本标准适用于线性振动加速度传感器（转换器），并规定了其二次振动校准的方法和手段。

如需进一步具体说明（解释）标准标题中的标准化对象，应采用以下措辞：本标准适用于……。

> 示例
> 1 本标准适用于为俄罗斯国防能力和安全性而进行的科研工作、初步设计和试验设计工作的科学技术报告文件。
> 2 本标准仅适用于供货给核电站的产品。

如果标准的适用范围受限，建议在脚注中提供有关适用于相关区域（标准化对象）的标准信息。

> 示例
> **本标准不适用于日用或相似用途的连接器***
> *日用或相似用途连接器的相关要求参见国家间标准 ГОСТ 7396.0。
> 注：在本标准中，此处以及后文中，示例提及的其他标准为说明性的，其代号是统一约定的。这些标准未列入第2章的参考标准清单中。在个别情况下，示例中的脚注也是说明性的。在这种情况下，脚

> 注应放在示例中（而不是按照国家间标准 ГОСТ 1.5 第 4.10.1 条的规定将脚注放在页尾），并设置为斜体字（根据国家间标准 ГОСТ 1.5 第 4.11.2 条示例的规定）。

在具体说明标准的适用范围时，需要采用以下措辞：本标准适用于……，或本标准也可以用于……。

> 示例
> 1 本标准适用于个人计算机的认证测试。
> 2 本标准也可用于测试非织造布以外的其他技术制造的材料。
> 3 本标准与国家间标准 国际电工委员会标准 ГОСТ МЭК 60598-1 一起使用。

允许用一句话概述标准用途、标准化对象和标准适用范围。

> 示例
> 本标准规定了集中式饮用水供货系统生产和供货的饮用水的采样要求，适用于饮用水进入配水管网之前的水质评估。

在规定通用技术条件或技术条件的标准中，并不说明标准的用途，而是在标准的正文中指出标准化对象及其简要记录，具体说明标准的适用范围（如有必要）。

> 示例
> 本标准适用于医疗和职业原因患者需要使用的隐形眼镜（以下简称为镜片）。本标准不适用于有色镜片，包括美瞳。

"适用范围"部分在标准的第 1 章中进行说明，位于"引言"后的下一个奇数页上；如果没有"引言"，则在"目录"之后的下一个奇数页上。如果没有"目录"，则在"前言"之后的下一个奇数页上。

七、规范性引用文件

如果国家军用标准中引用了国防产品标准化文件，则标准中需要包括"规范性引用文件"部分。

"规范性引用文件"为标准的第2章。其中列出本标准引用的国防产品标准化文件。国防产品标准化文件按以下顺序列出：

（1）国家间军用标准；

（2）国家间军用标准补充件；

（3）国家间军民通用标准；

（4）国家军用标准；

（5）《国防产品标准化文件目录》中的国家间标准和国家标准；

（6）国家分类；

（7）各类武器和军事装备通用技术条件。

上述文件按登记号升序排列。

如需引用行业标准、企业（法人协会）标准、标准化规则和建议，一般将上述文件列入参考文献。

国家军用标准中不允许引用未列入《国家军用标准目录》和《国防产品标准化文件目录》的国防产品标准化文件。

第2章"规范性引用文件"引导语为：本标准将下列国防产品标准化文件作为规范性引用文件。

在引用规范性文件的清单中需要注明这些文件的编号和名称。规范性引用文件的代号需要完整写出，包括表示该文件获批（颁布）年份的数字。这一点比我国国家军用标准的要求严格，我国的规定是"凡注日期或版次的引用文件，其后的任何修改单（不包括勘误的内容）或修订版本都不适用于本标准，但提倡使用标准的各方探讨使用其最新版本的可能性。凡不注日期或版次的引用文件，其最新版本适用于本标准。"

"规范性引用文件"和"参考文献"中引用的文件的密级，一般是可以引用与本标准相同密级或更低密级的文件。例如，如果标准带有密级标识，则引用文件中可列入带有相同密级标识或"供官方使用"的文件。如有必要，可将发布限制等级高于标准的文件列为参考文件，但在这种情况下，仅提供文件编号，不提供文件全称。

在引用文件之后，需要注明以下信息："在使用本标准时，必须检查参考文件的有效性，检查的依据是现行《国家军用标准目录》及其变更，现行《国防产品标准化文件目录》及其变更。如果参考文件被替换（变更），则使用本标准时需要以替换（变更）后的文件为准。如果引用文件被废止而非被替换，则建议使用不涉及该引用条款的内容。"

在"规范性引用文件"中，应仅包含已经获批（颁布）文件的信息。在标准中，如果引用了与正在制定标准同时颁布和实施标准，则可以提供与正在制定标准引用的标准信息。

八、术语和定义

"术语和定义"主要是为了保证不同使用者对标准中的术语和定义有相同的理解，主要对国家级非标准化术语，或标准中所用的狭义术语进行明确和界定。国家级的标准化术语是指在国家间标准、国家标准中的"术语和定义"章节已作出规定的术语，其信息已列入《国家军用标准目录》或《国防产品标准化文件目录》。一同给出的术语和定义视为一个术语词条。"术语和定义"以同名章节形式出现，引导语为"本标准采用如下术语和定义"。

关于标准化术语和定义的内容、布局、目录和要求，俄罗斯编制了专门的标准化建议 Р 50.1.075-2011 制定术语和定义标准。

术语和定义要尽可能简洁，用一句话表述。如果需要，补充性解释和说明可采取注释的形式。

每一条术语词条有一个独立的编号，编号由"术语和定义"章节（第3章或第2章）的编号和本节的序号（编号与序号之间用"点"隔开）组成。

术语词条以句号结尾，用小写字母书写，有特殊要求可采用大写字母。定义用大写字母书写，术语和定义之间用冒号隔开。

如果能确定术语词条之间的概念关系，术语和定义通常按照"从一般到特殊"和"从定义到被定义"的顺序排列。在其他情况下，术语词条按标准正文中术语出现的顺序排列。术语数量超过20条时，也可按照字母的顺序排列。

在标准中书写术语词条时，术语本身用粗体字表示。

如果标准中使用了标准化术语，那么规定该术语的标准应该在标准中被引用，方式有三种：

（1）在标准中第一次提及该术语位置，加脚注说明；

（2）在第一次提到两个（或两个以上）术语的段落中加注释说明；

（3）在"术语和定义"章节中说明。此种情况，一般是因为需要在标准中界定非标准化术语。

如有必要，标准中也可以重复另一标准中的术语和定义。

九、代号和缩略语

如果需要在标准中使用的代号和缩略语超过五个，则可以列出对应的"代号和缩略语"章节，章节题目视包含的内容，可以为"代号和缩略语""代号""缩略语"等。在本章节中，要列出标准中使用的代号和缩略语，并给出它们的全称和必要的解释。为方便查找，代号和缩略语按字母顺序或标准中第一次提及的顺序列出。

在标准中，允许将"术语和定义"一章和"代号和缩略语"一章合并。合并后的名称视具体内容有无可命名为："术语、定义、代号和缩略语""术语、定义和代号""术语、定义和缩略语"等。

如果标准中使用的所有代号和缩略语指的是其中规定的术语，那么标准相应章节命名为"术语和定义"，不再体现代号和缩略语。这种情况下，术语词条中的内容安排如下：

（1）术语后面编写缩略语，二者用分号隔开；

（2）术语后面以粗体形式显示缩略语，缩略语加括号；

（3）直接位于术语后面，以粗体显示约定的代号。

在数值代号后面，还可以给出以逗号隔开并以粗体显示的数值单位符号。

示例

1 **小型水力发电厂**；**МГЭУ**（МГЭУ为俄语缩略语）：额定功率达10000 kW的水力发电厂。

2 **银行防护设备的传送装置**（**传送装置**）：系防弹式银行防护设备的一部分，用于完成客户与银行员工之间的银行贵重物品交易。

3 **模拟色度溶液中凝结剂的最小剂量** M，**mg/dm³**：换算为主要物质氧化物（Ⅲ）的，足以将1 dm³模拟色度溶液的色度降低至标准刻度上20°的凝结剂用量。

*在这些示例中，未提供术语词条的编号，数字1、2、3表示的是示例的编号。在这些示例中（鉴于术语词条举例说明的适当性），没有使用标准中突出显示示例应采用的斜体。

十、技术内容要求

标准主体部分的技术内容要求以章节形式出现，其组成和内容根据标准化对象和方式的特点，以及国家标准ГОСТ 1.5（第7章）规定的标准内容的一般要求，并结合标准的特点来编写。所有标准的技术内容均需要有"保密制度和保守国家秘密的要求"的章节，主要规定保密制度要求，伪装和对抗技术情报的要求。

十一、附录

标准主体部分技术内容的补充材料采用附录形式给出。在附录中主要提供标准相关的图表数据、大型表格、计算方法、设备和仪器说明、计算机算法和程序说明等内容。

附录性质可分为规范性、推荐性或资料性附录。附录的代号用大写的俄文字母表示，从 A 开始（字母 Е、З、Й、О、Ч、Ь、Ы 和 Ъ 除外），放在附录二字之后。如果俄语字母表中的字母全部用完，附录可以用阿拉伯数字表示。如果标准中只有一个附录，则该附录为附录 A。

每个附录均单独另起一页。"附录"一词以小写字母书写（首字母大写），其代号位于页面顶部居中对齐并以粗体显示。括号中标明附录性质："规范性""推荐性"或"资料性"，并以粗体显示。如果两个（或多个）连续的附录可以在同一页上完整地表述，则允许放在同一页中。

附录的标题需要反映其内容。标题以小写字母书写（首字母大写），以粗体显示，呈单独的一行（多行）并居中对齐。

为便于使用，标准的附录中可以进行说明，如"本附录是本标准主体部分XX章节的补充"。这一说明可标注在附录标题后的括号内或用脚注标出。

第三节　国防产品标准化结构、表述和编写的特点小结

俄罗斯国防产品标准的表述规则有独特之处。俄罗斯国防产品标准规定可以通过脚注的形式说明标准不适用于哪些领域。在标准引用上，俄罗斯限制行业标准引用，如需引用，需要放入参考文献中，我国则可以引用行业标准。在术语排序上，俄罗斯按术语概念关系，"从一般到特殊"或"从定义到被定义"的顺序排列，或按标准正文中术语出现的顺序排列，或者按字母顺序排列（如果术语数量超过20条）。我军按概念层级或汉语拼音字母顺序排序。在代号和（或）缩略语排序上，俄罗斯代号和（或）缩略语的列表按字母顺序或标准中第一次提及的顺序列出。在标准引用上，如果标准仅有一条引用标准，俄罗斯规定可以不要第2章"规范性引用文件"，在引用标准出现的位置进行脚注。

俄罗斯国防产品标准技术内容要求有独特之处。国防产品标准技术内容编写按照国家标准执行，在标准技术内容要求上，俄罗斯军用标准的技

术内容要求按照国家标准ГОСТ 1.5执行，更加体现军民融合。俄罗斯国家军用标准要求标准内容必须设置专门的保密要求章节，对于附录的性质，除规范性附录和资料性附录外，俄罗斯国家军用标准中还包含参考性附录。

俄罗斯对标准的废止和替代规定更明确。在标准复审上，俄罗斯的国家军用标准5年复审一次。复审认为新标准不可替代现行标准时，现行的标准不会被废止。在这种情况下，主编单位在复审标准的同时，还需要准备现行标准的更改单，以明确其适用范围。对于废止标准的确认，俄罗斯规定废止军用标准由联邦技术法规和计量局依据法令实施，废止标准保存期限为10年，然后销毁，其信息从"目录"中删除。

第九章 俄罗斯国防产品标准化文件信息保障和发布程序

第一节 国防产品标准化文件资源的知识产权归属

俄罗斯国防产品标准化文件资源主要体现在《国防产品标准化文件目录》中。《国防产品标准化条例（N1567）》提出：强制执行的标准化文件，其相关信息应列入《国防产品标准化文件目录》。目录中包含的标准化文件，构成国防产品标准化文件资源库，属于国家信息资源。

对于国防产品标准化文件资源库的编制和管理，N1567中明确：标准化文件的登记和配套文件，标准化文件档案，失效和废止的标准化文件档案要保存至少10年；需要按照规定的程序提供标准化文件的信息，包括出版和发行。

如果必须使用未列入《国防产品标准化文件目录》中的国防产品标准化文件，可以使用国家标准化体系的文件、联邦技术经济和社会信息分类、组织标准（包括通用技术条件）、规范（规则，或规程）等标准化文件。使用此类标准化文件时，由国防订购单位或者国防订单牵头执行单位与国防订购单位协调决定。

对于信息列入《国防产品标准化文件目录》的文件，允许在其重新审查或废止前使用，长期有效。使用企业标准和技术规范时，需要遵守俄罗斯的知识产权保护法。利用联邦预算资金编制的国防产品标准化文件的知识产权归联邦所有。

截至2017年1月1日，如果行业标准已被列入《国防产品标准化文件目录》或者《国防产品标准化文件目录的变更》中,且转交给了国有企业、法人联合会或国家造船业科研中心,在行业标准转变为企业标准的情况下,这些行业标准将属于国家信息资源。

第二节　信息保障工作职责

俄罗斯国防产品标准化文件信息保障工作涉及的主要单位由国防产品标准化信息中心、出版印刷联合企业、标准化归口单位、标准化基层单位、标准化授权机构和国防产品标准化文件授权发行单位组成。

国防产品标准化信息中心[19]：由俄罗斯国防部任命或授权的企业或管理机构,主要职责是组织国防产品标准化工作的规划、信息保障、发布国防产品标准化文件、维护国防产品标准化工作体系并管理《国防产品标准化文件目录》。

出版印刷联合企业[19]：俄罗斯技术法规和计量局授权的单位,负责出版和发行国家间军用标准、国家军用标准和战时补充件、战时国家标准,2003年7月1日前颁布的军民通用的国家间标准、国家标准及其补充件,标准化规则和建议以及对这些文件的更改。

标准化归口单位[19]：联邦政府机构任命或授权的单位,负责提供科学方法指导国防产品标准化工作,开展工作规划、提供信息保障,在规定的产品类型或业务范围内向国防产品标准化工作的所有参与单位发行国防产品标准化文件,不受其部门隶属关系限制。

标准化基层单位[19]：由标准化归口单位授权开展标准化工作的单位。其职能是保存本领域国防产品标准的原件（原始文件的副本）和行业标准文件档案,并为相关单位提供这些标准的正式版本。

标准化授权机构（联邦政府机构标准化部门）[19]：联邦政府机构授权的下属单位或分支部门（有独立通信权）,负责解决该政府机构责任范围内的问题,组织标准化规划和年度标准化计划建议书,研究和协调标准化规划、年度计划和国防产品标准化文件。

国防产品标准化文件授权发行单位[19]：联邦政府机构授权在其责任范围内发行国防产品标准化文件的单位。

执行国防产品标准化工作的联邦政府机构、国家原子能公司和国家航天公司[19]：在职责范围内建立和管理其批准（采纳）的国防产品标准化文件资源库，包括行业标准（在它们失效前）；完成国防产品标准化文件资源库的建立和管理工作，进行文件资源库更新。

建立和管理国防产品标准化文件资源库的工作包括提供国防产品标准化文件及副本相关信息。其程序由俄罗斯技术法规和计量局与国防部、工业和贸易部、国家原子能公司和国家航天公司协调后确定。

第三节 信息保障工作程序

《国防产品标准化条例（N822）》规定：通过颁布、出版和发行《国防产品标准化文件目录》（或其行业相关的各个部分）和《国家军用标准目录》，俄罗斯国防部、技术法规和计量局向国防订购单位和国防订单承包商提供信息保障。采用（批准）、修改和废止《国家军用标准目录》中所列文件的信息每3个月发出一次，《国防产品标准化文件目录》中所列文件的信息每6个月发出一次。

《国防产品标准化条例（N1567）》在上述内容的基础上，进行了进一步细化。《国防产品标准化文件目录》及其变更的编制、正式出版和发行，均需要按照通用基础国家军用标准中规定的程序开展。

为国防产品标准化工作参与单位提供信息保障的程序不变，仍然由俄罗斯国防部、技术法规和计量局通过颁布和发行《国防产品标准化文件目录》（按行业单独设立章节）和目录的变更来完成。

纳入《国防产品标准化文件目录》中文件的批准（采纳）、变更和废止信息，由上述目录的管理单位根据国防产品标准化工作参与单位的要求进行发行，每3个月不少于一次，比原来每6个月更新一次频率有所增加。取消了《国家军用标准目录》中所列文件的信息每3个月发出一次。

信息保障程序通常分为编制《订阅单位目录》、编制《国防产品标准化文件目录》及其变更、编制《国家军用标准目录》及其变更、编制国防产品标准化文件信息颁布通告和确定发行量的程序、向订阅目录内的单位提供现行的国防产品标准化文件信息等5个步骤。

一、编制《订阅单位目录》

寄送限定发行范围的国防产品标准化文件时，国防产品标准化文件授权发行单位需要按照《订阅单位目录》寄送，《订阅单位目录》需要按照既定的程序制定和批准。

根据相关单位递交的申请，国防产品标准化文件授权发行单位独立编制《订阅单位目录》，申请单位通常需要提供保密资质证明和武器装备科研生产许可证等能够证明该单位有权在国防订购工作中获取相关国防产品标准化文件的凭证。

在申请书中需要包含申请单位的全称和邮箱信息以及详细的财务信息。用申请单位的公文用纸编写申请书，并由单位负责人签名。无论申请单位的组织形式和部门隶属关系如何，均需要提供上述信息。

国防产品标准化文件授权发行单位免费审核申请书并对订阅人进行登记。各国防产品标准化文件授权发行单位均可按照《订阅单位目录》制定程序，通过单独变更来补充《订阅单位目录》，包括增加新的企业，变更单位名称、详细信息和许可证有效期等。

企业申请哪家国防产品标准化文件授权发行单位的《订阅单位目录》由企业决定。自列入目录时起，企业有权获得限制发布的国防产品标准化文件，自该目录获得批准之时起，企业将有权获得包含国家秘密信息的文件。

国防产品标准化文件的订阅服务权，仅在企业使用国家秘密信息许可证的有效期内有效。当企业的名称、详细信息发生变更以及许可证更新（续期）时，单位需要及时向国防产品标准化文件授权发行单位报告相关信息。对于国防产品科研生产许可过期的企业，国防产品标准化文件授权发行单位有权将其从《订阅单位目录》中删除。信息来源为国防订购单位的通知。

《订阅单位目录》(及其变更)需要经国防产品标准化文件授权发行单位的军事代表机构同意,并由负责对国家秘密信息交流进行核准的联邦政府机构批准。可以根据需要重新审批《订阅单位目录》,至少每3年审批一次。包含国家秘密信息的国防产品标准化文件的编制单位,以及这些文件编制工作的订购单位,可以对文件的发布施加其他限制。

企业有权在任何国防产品标准化文件授权发行单位订购所需数量的国防产品标准化文件,以满足自身的需要;国防产品标准化文件授权发行单位,可以出于自身的需要,也可以出于进一步利用国防产品标准化文件的目的,根据自有的《订阅单位目录》提供上述文件。

申请书需要经国防产品标准化文件授权发行单位的军事代表机构同意。

二、编制《国防产品标准化文件目录》及其变更

国防产品标准化信息中心负责编制《国防产品标准化文件目录》及其变更。《国防产品标准化文件目录》具体组成部分由《国防产品标准化文件目录维护管理手册》确定,后者主要用于维护《国防产品标准化文件目录》。

对《国防产品标准化文件目录》中的文件进行增删,以及修改目录中包含的文件信息的详细说明,需要在俄罗斯国防部批准后,通过变更《国防产品标准化文件目录》的方式处理。

国防产品标准化信息中心在其权限范围内,根据联邦政府机构的决议拟定删减和修改《国防产品标准化文件目录》中行业文件信息,形成《国防产品标准化文件目录的变更》。标准化归口单位根据确定的目录,编制有关删除行业文件或澄清其信息的决议,如有必要,此项工作可以与文件编制单位一起开展。

《国防产品标准化文件目录的变更》需要经标准化归口单位的军事代表机构同意。

标准化归口单位基于实施国防订购参与单位的建议,发起对《国防产

品标准化文件目录》中的行业标准化文件的相关信息进行修订。

根据信息积累的程度，通过变更《国防产品标准化文件目录》的方式，国防产品标准化信息中心将《国防产品标准化文件目录》的修正信息发送给订阅人，一般每6个月至少发送一次。

在《国防产品标准化文件目录的变更》中，除注明文件的名称和代号外，还需要说明新列入的文件发布日期，被删除文件的删除日期和删除类型，是否有替换，或替换为其他标准化文件时，须同时说明其名称和代号。

三、编制《国家军用标准目录》及其变更

俄罗斯技术法规和计量局的授权单位负责《国家军用标准目录》和《国家军用标准信息目录》的建立、颁布与发行。

由俄罗斯技术法规和计量局颁布的所有现行国防产品标准化文件的信息，包含在每年发布的目录中，而每季度内审批、替换、变更或废止的信息，包含在每季度发布的《国家军用标准信息目录》中。

目录需要包含有关以下文件的信息：

（1）国家间军用标准；

（2）战时国家军用标准及国家军用标准的战时补充件；

（3）战时国家标准；

（4）军民通用的带有"*"号的国家间和国家标准，以及在2003年7月1日前颁布的对这些标准的补充；

（5）有关国防产品标准化及分类的规则和建议。

在目录中需要反映以下信息：

（1）标准的名称和代号；

（2）标准的发布日期或有效期（如有期限）；

（3）标准的变更（战时补充件）；

（4）被撤销和被替换的标准信息；

（5）有关标准已获得俄罗斯国防部批准的信息（适用于2003年7月1日前颁布的标准）；

（6）图章。

此外，在《国家军用标准目录》中还会列出于2003年7月1日前颁布的、带有标记的军民通用标准代号（不注明名称）清单。也可在《国家标准年度目录》中查阅这些标准的相关信息。《国家军用标准目录》包含截至当年1月1日的信息，《国家军用标准信息目录》包含的是季度信息。两个目录的有效期都是自其发布之日起至少3年。《国家军用标准》目录中文件的删除，需要根据俄罗斯技术法规和计量局的指令进行。

四、编制国防产品标准化文件信息颁布通告和确定发行量的程序

国防产品标准化文件的信息通告由俄罗斯技术法规和计量局编制，格式见图9-1。

不同企业获知国防产品标准化文件颁布信息通告的优先级不同。标准化文件的编制单位在文件编制过程中，需要拟定优先收到信息通告的建议单位名单。建议名单的确定需要结合国防产品标准化文件的编制和《标准制定任务书》的发行、反馈及协调情况开展。建议名单是编制单位发送给俄罗斯技术法规和计量局审批的国防产品标准化文件的组成部分。

俄罗斯技术法规和计量局的下属单位负责根据固定的目录编制国防产品标准化文件颁布，该单位称之为"筹备单位"。根据标准化文件编制单位提交的建议，结合现行的《订阅单位目录》，编制《国防产品标准化文件颁布及生效信息通告发行清单》。该清单由筹备单位、俄罗斯技术法规和计量局相关部门的负责人签署，并取得筹备单位的军事代表机构负责人同意。

信息通告由筹备单位在标准颁布后的1个月内根据指定的发行清单发送，见图9-2。对于盖有"机密"及以上密级印章的国防产品标准化文件，需要按照保密规定发行信息通告。

将《国防产品标准化文件颁布及生效信息通告发行清单》的副本发送给出版印刷联合企业，以便统计和监督申请书递交情况，确定发行量。有关购买国防产品标准化文件的标准申请格式见图9-3。

压角章	
	_____
	密级标识
	_____
	收件人名称和地址

俄罗斯技术法规和计量局通过的国家军用标准 ГОСТ РВ（国防产品分类建议 РВС，国防产品分类规则 ПВС）

_____
编号和名称

(___年___月___日第___号名录)，自_____起生效。
国家军用标准 ГОСТ РВ（国防产品分类建议 РВС，国防产品分类规则 ПВС）规定了
_____。

国家军用标准 ГОСТ РВ
（国防产品分类建议 РВС，国防产品分类规则 ПВС）简介

为了及时向企业提供所需份数的上述国家军用标准 ГОСТ РВ（国防产品分类建议 РВС，国防产品分类规则 ПВС），请在收到此函之日起 2 个月内向出版印刷联合企业发送有关购买国家军用标准 ГОСТ РВ（国防产品分类建议 РВС，国防产品分类规则 ПВС）的申请书。

1 份国家军用标准 ГОСТ РВ（国防产品分类建议 РВС，国防产品分类规则 ПВС）的预估价格为_____
附：国家军用标准 ГОСТ РВ（国防产品分类建议 РВС，国防产品分类规则 ПВС）_____，登记号_____，每份编号_____

负责人

_____   _____
筹备单位的名称   个人签名，完整签名

图 9-1 国防产品标准化文件通过及生效信息通告

第九章 俄罗斯国防产品标准化文件信息保障和发布程序

```
                                                    密级标识
有关通过和实施国家军用标准 ГОСТ РВ（国防产品分类建议 РВС，国防产品
  分类规则 ПВС）_____的信息通告之分发清单

_____
    标准名称
```

序号	单位（企业）名称	地址	登记号		备注
			通告登记号	标准登记号	
1	2	3	4	5	6

负责人

_____   _____
    筹备单位的名称   签名，完整签名

俄罗斯技术法规和计量局局长   _____
                                      签名，完整签名

          同意
   国防部军事代表机构负责人   _____
    （隶属于筹备单位）   签名，完整签名

图9-2 信息通告的发行清单格式

国防产品标准化文件颁布和生效的信息通告发送给文件编制订购单位、标准化归口单位、国防产品标准化信息中心和编制单位及其军事代表机构。

筹备单位在发出信息通告的同时，需要将已获批的国防产品标准化文件的副本发行给文件订购单位、研制单位及其军事代表机构、国防产品标准化信息中心的军事代表机构和该筹备单位的军事代表机构。

```
                                                                    _____
                                                                      密级
    请考虑我公司（单位）的购买：_____的请求，共_____份。
                              文件名称
    我们的订阅号为：_____
    请将以上文件发送至地址（用于机密通信；用于非涉密通信）：
    _____
    邮政编码_____     城市_____    地区_____
    街道_____     楼号_____
    企业全称（缩略语）_____



    电话/传真号码_____     操作人员的全名和电话号码_____

    财务信息：
    纳税人识别号_____     纳税人注册代码_____
    账号_____             同业往来银行账号_____
    银行识别号_____
    企业（单位）负责人
                                                    _____
                                                    签名和完整签名


                     同意
    国防部军事代表机构         负责人
                                                    _____
                                                    签名和完整签名
```

图 9-3 有关购买国防产品标准化文件的标准申请格式

相关单位需要在收到通知函后的 1 个月内，将标准需求数量的申请书发送至国防产品标准化文件授权发行单位的订购登记处。

国防产品标准化文件授权发行单位对其《订阅单位目录》中的单位递

交的国防产品标准化文件申请书进行收集和汇总，编制国防产品标准化文件份数申请书并发送给出版印刷联合企业。

出版印刷联合企业根据收到的申请书和申请文件的数量，确定国防产品标准化文件的印数，并确保自标准颁布之日起至多6个月内出版该标准化文件。

对于印刷复杂度较高的国防产品标准化文件，可以延长出版时间，但自该标准颁布之日起最长不超过1年。

出版印刷联合企业在国防产品标准化文件出版之日起1个月内，按照相关企业需求的数量进行发行。

国防产品标准化文件授权发行单位在规定活动领域中，自接收到由出版印刷联合企业提供的国防产品标准化文件之日起2周内，按照《订阅单位目录》中有关单位的需求数量，将国防产品标准化文件发送给这些单位。

《国防产品标准化文件的变更》自颁布之日起2个月内发布。一次性发行上述文件的变更，按照发行国防产品标准化文件时同样的地址、同样的份数和同样的程序发行给《订阅单位目录》中的企业。

五、向订阅目录内的单位提供现行的国防产品标准化文件信息

信息保障可规定国防产品标准化文件授权发行单位中的相关企业提供订阅服务，或一次性提供相关服务。各单位自主选择信息保障方案和授权发行单位。

企业的订阅服务包括信息咨询服务和国防产品标准化文件的发行等。各单位自主选择订阅服务合同中的服务内容。文件编制单位根据用户单位的请求提供免费的咨询和解释。

第四节　出版和发行程序

国防产品标准化文件可由相关单位一次性请求发行，也可按照订阅服务提供。

一、《国防产品标准化文件目录》及其变更的发行程序

《国防产品标准化文件目录》（或其关于某个行业的部分章节）及其变更由国防产品标准化信息中心根据其自身建立的《订阅单位目录》来发行，或由其他国防产品标准化文件授权发行单位根据其自身建立的《订阅单位目录》发行。企业的购买请求需要发送至负责编制《订阅单位目录》的单位，一般是国防产品标准化信息中心或其他国防产品标准化文件授权发行单位。

二、《国家军用标准目录》及其变更的发行程序

《国家军用标准目录》由国防产品标准化文件授权发行单位根据其自身建立的《订阅单位目录》来发行。企业的购买申请需要发送至负责编制《订阅单位目录》的单位。一般是联邦技术法规和计量局、国防部确定的国防产品标准化文件授权发行单位。

三、两个目录中的标准化文件的发行程序

两个目录中的标准化文件由出版印刷联合企业根据其自身建立的《订阅单位目录》来发行，或根据目录发行给其他国防产品标准化文件授权发行单位。企业的购买申请发送至出版印刷联合企业或其他国防产品标准化文件授权发行单位，不允许出于传播目的复制国防产品标准化文件。

四、《行业标准目录》及其变更的发行程序

不同领域的《行业标准目录》及其变更由该领域的标准化归口单位确定发行程序。发行《国防产品标准化文件目录》中包含的行业标准及其变更，需要经过国防产品标准化信息中心同意。企业的购买申请需要发送至国防产品标准化文件授权发行单位或标准化归口单位。

五、企业标准的发行程序

基于国防产品标准化信息中心编制的程序，按照标准原件持有单位

的规定,经军事代表机构同意,对《订阅单位目录》中的企业标准进行发行。

六、各类武器和军事装备的通用技术要求标准的发行程序

由俄罗斯国防部制定各类武器和军事装备的通用技术要求标准的发行程序。

第五节 国防产品标准化文件信息保障和发布程序的特点小结

俄罗斯国防产品标准化信息更新更加注重时效性。目前看,俄罗斯国防产品标准化文件的更新周期在加快。以往的制度规定:采用(批准)、修改和取消《国家军用标准目录》中所列文件的信息每3个月发出一次,《国防产品标准化文件目录》中所列文件的信息每6个月发出一次。新制度中,进一步加强了《国防产品标准化文件目录》的地位和更新迭代周期,由原来的至少6个月更新一次,缩短到至少3个月更新一次。N1567规定纳入《国防产品标准化文件目录》中文件的批准(采纳)、变更和废止信息,由目录的管理单位根据国防产品标准化工作参与单位的要求进行发行,不少于每3个月1次。

俄罗斯实行国防产品标准文件数据统一归口管理,确保数据的单一来源。俄罗斯国防产品标准化文件共有24个类别,包括国家间标准、国家标准、国家军用标准、行业标准、企业标准以及各类标准的军事补充件和战时补充件,类型多,数量多。国防产品标准信息中心负责统一归口上述标准。标准信息主要体现在《国防产品标准化文件目录》中。使用未列入《国防产品标准化文件目录》的标准化文件将受到严格的限制,只有《标准化法》规定的国家标准化体系的文件才可以使用,且需要由国防订购单位或者国防订单牵头执行单位与国防订购单位协商决定。

第十章　国防产品标准实施程序

第一节　国防产品标准实施计划

标准化归口单位负责进行国防产品标准实施的方法指导和协调工作。企业实施标准的方法指导，在企业负责人（含副职）的指导下分配给单位的标准化部门，标准化部门也可能与质量部门或其他部门一起组织实施工作。

一、企业实施标准的依据

企业实施标准所依据的文件是[20]：
（1）政府合同；
（2）《国防产品标准化文件目录》及其变更、《国家军用标准目录》和《国家军用标准信息目录》中与实施标准有关的部分；
（3）已批准的设计文件和技术文件；
（4）科研和试验工作的任务书（规格说明书）；
（5）政府合同或任务书中包含的强制执行标准，合同或任务书引用的标准，合同标的需要强制应用和执行的标准。

国防订单的执行单位在标准发行日期之前（或在《标准实施的主要措施计划》中确定的时间范围内）需要对设计文件、技术文件和其他文件进行说明或修订。

二、标准化归口单位按照信息保障程序提供建议

如有必要，标准化归口单位按照信息保障程序提供建议，其中包括[20]：

（1）在企业准备办理某类活动的许可证或准备参与招投标时推荐使用的标准的清单；

（2）新研制产品和改进中产品标准实施程序；

（3）批量生产产品标准实施程序；

（4）在役产品标准实施程序；

（5）组织产品专业化生产的标准化建议；

（6）为企业提供新型原料、材料、半成品、标准件、新设备、仪器、工具的建议；

（7）材料、半成品等标准实施程序；

（8）因实施标准的特点而需要采取的其他措施。

三、企业实施标准依据的文件

企业实施标准所依据的文件为[20]：

（1）企业指令文件——企业负责人的指令；

（2）在企业实施标准的措施计划；

（3）设计文件变更通知（根据国家标准 ГОСТ 2.503）；

（4）标准化部门发布的信息文件。

四、制定标准实施计划的情形

在下列情况下，需要制定实施标准的计划[20]：

（1）企业在申报的活动范围准备办理许可证或参与招投标时；

（2）按国防订单在企业布置新工作并且新工作要求实施该单位以前未使用过的标准时；

（3）基于国防订单的企业的活动范围，在采用新标准时，按照企业的指令实施标准。标准化部门根据《国家军用标准信息目录》、标准化归口单位的建议、合同以及企业和军事代表机构的建议，制定本单位《标准实施的主要措施计划》。

如果指令包含实施标准的所有必要说明，并且不需要采取其他措施，则可以不制定措施计划。

第二节 国防产品标准实施程序

俄罗斯国防产品标准实施分为常规的标准实施程序、研制中产品的标准实施程序、批产中产品的标准实施程序、在役产品的标准实施程序、材料标准的实施程序和其他情况下标准的实施程序等6类。

一、常规的标准实施程序

在企业中实施标准包括三个阶段：一是标准实施工作组织，二是标准实施工作执行，三是监督标准的实施情况和标准的遵守情况。

1. 标准实施工作组织阶段

标准实施工作组织阶段通常包括[20]：

（1）取得（获取）、统计、熟悉标准化部门的标准内容，并告知部门和军事代表机构已经收到该标准；

（2）确定部门和实施标准的负责人员，以及参与实施标准的部门；

（3）参与实施的部门对标准进行研究；

（4）在单位发布有关标准实施的指令文件；

（5）必要时，制定标准实施的措施计划。

2. 实施标准的执行阶段

实施标准的执行阶段通常包括[20]：

（1）实施标准的直接执行者对标准和参考文件进行研究；

（2）对标准进行分析，以便在单位中应用该标准；

（3）编制或修正与实施的标准有关的企业文件；

（4）修正设计和技术文件，制作标准化产品的原型并进行试验；

（5）发出设计和技术文件变更的通知；

（6）修正批量生产文件；

（7）根据实施的标准对批量生产的产品进行试验；

（8）根据批准的《标准实施的主要措施计划》执行其他工作。

3. 监督标准实施和标准实施情况的阶段

监督标准实施和标准实施情况的阶段通常包括[20]：

（1）分配和组织委员会的工作；

（2）委员会开展工作；

（3）以文件的形式记录监督的结果。

由企业负责人根据标准化部门负责人的建议任命标准实施的负责人。标准实施的负责人需要在单位收到标准后的1个月内，编制一份有关在企业实施该标准的指导文件。允许针对一组标准发布一份指导性文件。

单位负责人下达实施标准的指令。实施标准的指令需要与标准化部门和军事代表机构协调。在单位负责人实施标准（各组标准）的指令中，要说明以下内容：

（1）标准的编号和名称；

（2）实施的日期；

（3）该标准适用的产品以及研制、生产、存储、处理的过程；

（4）负责实施的单位或人员；

（5）标准实施的主要措施计划或确保标准实施的措施；

（6）被标准化产品替代的半制成品的使用说明；

（7）负责对实施情况进行监督的部门和人员。

一般技术、组织和方法标准以及材料和半成品标准的实施日期根据标准的发布日期确定。产品标准（通用技术要求、通用技术条件的类型、《结构和尺寸》等）的实施日期由研制单位的总工程师或研制单位负责人根据标准的发布日期确定，或者与国防订购单位或军事代表机构协调的其他时间。

一般情况下，企业《标准实施的主要措施计划》可以包括：

（1）实施一般技术和组织及方法标准；

（2）对原型产品进行试验，确认是否有可能使用标准化产品作为其组件；

（3）修正与标准实施有关的现行文件或编制新文件；

（4）与符合实施标准要求的产品（制品）的研制和发布相关的工作（划分为生产、试验、材料和技术支持）；

（5）在标准发布之前使用根据现行文件制造的半制品的程序；

（6）必要时，编制企业现行文件与待实施标准规定的产品规格的对照表；

（7）根据单位的具体条件和特殊性，实施标准需要采取的其他措施。

在《标准实施的主要措施计划》中，必须指出工作的执行者、截止日期以及监督计划中各项目执行情况的人员。一组标准同时实施，可制定《标准实施的主要措施计划》。

《标准实施的主要措施计划》由企业负责人批准，并需要征得在该企业的军事代表机构的同意。与实施标准有关的企业文件的修正工作，由制定该标准的企业进行。

需要编制相关文件来确认标准实施完成。在有《标准实施的主要措施计划》的情况下，编制标准实施报告，并填写标准实施统计卡；在没有措施计划的情况下，直接填写标准实施统计卡。标准实施报告格式见图10-1。

在《标准实施的主要措施计划》中规定编制标准实施报告的期限。期限一般是自计划的所有项目完成之时起，不超过1个月的时间。如果无法实施标准，则企业负责人必须向订购单位提交与军事代表机构和标准化归口单位协调的不实施标准的技术结论，以供订购单位决策。结论由负责标准实施的人员编制。在技术结论中要分析不实施的原因以及相关解决建议。

二、研制中产品的标准实施程序

在开展产品设计和试验工作过程中，编写生产设计文件时，要采用生效的标准。从生产设计文件批准后到文件移交批量生产之间的一段时间，可能存在部分标准得到批准但尚未在产品中实施的情况，承制单位的总工程师、单位负责人和订购单位需要决定这部分标准的实施日期和程序。

```
                        标准实施报告
              同意                        批准
    _____      _____
         军事代表机构                企业负责人（总工程师）

    _____  _____    _____  _____
      签名        完整名称            签名        完整名称
                        报告
    编号：_____                            20____年

    关于20____年____月____日实施的标准_____
                                              代号
    _____
                            和全称
    发布日期：20____年。

    20____年____月____日第_____号指令和标准实施措施计划规定的_____的
                                                              代号
    所有工作已彻底完成。
    技术文件、产品、工作类型符合标准_____规定的指标、要求和规范。
                                          代号
    认为标准_____自20____年____月____日起已在企业
                代号
    _____中实施。
            名称
    委员会主席
    （部门负责人）
                                      _____  _____
                                        签名        完整名称

    委员会成员：
                                      _____  _____
                                        签名        完整名称
```

图 10-1 标准实施报告格式

三、批量生产产品标准的实施程序

对于投入批量生产的产品，总设计师批准的文件中指定的所有标准必须实施。在准备产品批量生产时即要实施这些标准,无需在企业中发布实施这些标准的特殊指令文件。在这种情况下,同样需要编制文件确认标准实施工作的完成。在发布设计文件变更通知的基础上,可以针对批量生产中的产品实施新采用的标准。如果产品文件原件的持有者是承制单位,则在与产品研制企业达成协议后,由该企业的副职与承制单位处的军事代表机构共同做出在该产品的文件中重新采用标准的决定。

研制企业在设计监理期间监督其研制的产品在承制单位处是否遵守标准。如果部分设计文件的原件的持有者是研制单位,则由研制单位和承制单位的负责人以及在这些企业的军事代表机构共同做出实施标准的决定。

在生产材料和半成品的企业中,根据这些企业负责人的指令实施新牌号的材料和半成品的标准。标准实施工作必须在标准发布日前全部完成。实施标准的措施指令和计划(如有必要)由标准化部门在企业有关部门的参与下制定。《标准实施的主要措施计划》由企业负责人批准,并需要获得军事代表机构同意。

四、在役产品的标准实施程序

在役产品的使用和维修中的标准实施,由产品承制单位的总工程师、负责人和订购单位共同决定。按照完成产品的既定程序,确定在役产品标准的实施程序和期限。

五、材料标准的实施程序

对于材料、半成品、燃料和润滑剂、炸药、特殊液体等,制定《标准实施的主要措施计划》时,需要参考国家军用标准 ГОСТ РВ 15.108。

六、其他情况下的标准实施程序

检修、处置、招投标等其他情况下的标准实施程序,按照常规实施程序的要求进行。

第三节　国防产品标准实施情况统计和报告

标准化部门负责管理已在企业中实施的标准的清单。清单格式见表10-1。可以按照企业规定的程序，根据取得的补充信息对该清单进行补充。由企业负责人根据军事代表机构的协调意见，确定清单中包含的标准。

表10-1　在企业中实施的标准的清单

标准代号	标准名称	日期		负责实施的单位	日期		确认实施的文件
		发布日期	生效日期		发布指令日期	批准日期	

企业需要采用卡片目录的方式管理标准的实施记录，卡片目录按照单位规定的程序进行。标准实施的统计卡的格式见图10-2和图10-3。标准化部门负责组织和维护标准实施的记录。

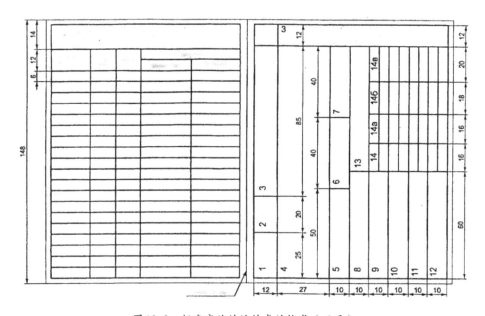

图10-2　标准实施的统计卡的格式（正面）

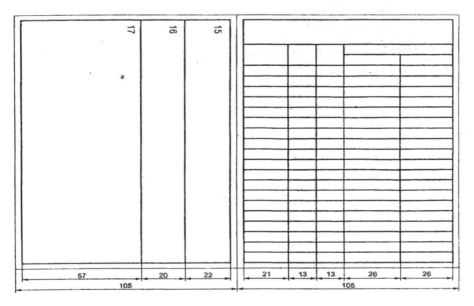

图 10-3 标准实施的统计卡的格式（背面）

卡片填写情况说明如下：

在第1列中，填写标准化归口单位的代号；

在第2列中，填写根据信息目录中采用的分类表确定的标准分组的代号；

在第3列中，填写标准的完整代号；

在第4列中，注明标准的全称（对于带印章的标准，不填写标准名称）；

在第5列中，填写被新发布的标准所代替的标准的代号（新发布的标准，注明"首次"）；

在第6列中，注明标准的发布日期；

在第7列中，注明标准的有效期限（如果在该标准中未说明有效期）；

在第8列中，列出标准实施所依据的相关文件的信息；

在第9列中，注明企业实施该标准的指令的编号和日期；

在第10列中，注明标准的实际实施日期；

在第11列中，注明标准实施报告的发文编号和日期；

在第12列中，注明由负责实施该标准的企业的指令确定的部门（设计部门、总工程师、技术人员等）；

在第13列中，注明确认该标准应用限制的文件的名称和编号；

第14、14a、14b和14c列中，注明有关标准变更的信息，14为变更数量，14a为变更通知的编号，14b为做出变更日期，14c为做出变更的签字；

在第15列中，注明根据该标准组织产品专业化生产的企业的名称，此列根据标准化归口单位的现有信息填写；

在第16列中，注明该标准的建议书（如果有）的发文编号和发送日期；

在第17列中，如有必要，对标准进行补充注释，包括未满足的标准条款的编号、未实施标准的原因、实施标准的经济影响、实施标准的产品、标准实施情况检查的信息、是否有实施方法和方法等；

在第18列中，注明接收该标准的用户。

标准化部门需要保留实施《标准实施的主要措施计划》的指令和计划的副本、标准实施报告和实施情况检查报告、就不实施标准的原因而给出的技术结论、订购单位就技术结论所做的决定以及其他材料。上述文件在标准废止后必须至少保存三年。

由标准化归口单位管理各自领域的标准的实施记录。企业负责向标准化归口单位报告标准的实施情况。在为标准的实际实施起草报告时，应当以标准实施报告或确认该标准实施的其他文件的批准日期作为标准的实际实施日期。当年的标准实施报告需要于次年2月1日前提交。由标准化归口单位为企业编制标准实施报告提供方法指导。

第四节　国防产品标准实施情况监督

由以下部门或人员对企业标准的实施和遵守情况进行监督：

（1）负责监督标准实施情况的部门，军事代表机构；

（2）进行活动许可办理工作的部门；

（3）有企业相关单位和部门参与的标准化部门；

（4）技术监督部门。

为了对标准的实施和遵守情况进行检查，需要根据企业负责人的指令任命临时或常设委员会。该委员会的成员包括相关部门和军事代表机构的代表。

通常，企业需要考虑质量管理体系的内部审核周期，确定委员会的工作程序和工作周期。

根据标准实施情况的检查结果，编制标准实施情况检查报告。格式见图10-4。

```
                    标准实施情况检查报告
        同意                           批准
_____          _____
     军事代表机构                  企业负责人（副负责人）
_____          _____
    签名      完整名称            签名      完整名称
                        报告
编号：_____   20___年___月___日。

检查是否遵守标准_____
                        编号和全称
发布日期为20___年___月___日。

按照计划（时间表），由以下机构组成的委员会于20___年检查标准的遵守情况：
_____
_____

         检查标准在企业（车间、部门、产品）是否实施标准
            _____

结论：认为标准_____
      在企业_____得到实施（未得到实施）
委员会建议：_____

委员会主席
（部门负责人）                  _____    _____
                                  签名        完整名称

委员会成员：                    _____    _____
                                  签名        完整名称
```

图10-4　标准实施情况检查报告格式

部门负责人需要向审查标准实施情况的委员会提供确认标准实施和遵守情况的信息。

负责标准实施的部门负责人必须向标准化部门提交：

（1）标准实施（遵守情况检查）报告；

（2）在没有《标准实施的主要措施计划》的情况下实施的标准清单，注明确认实施的文件代号以及实际实施（根据实施的情况）的日期；

（3）不实施标准的原因的技术结论。

确认企业标准实施的文件为：

（1）标准实施报告；

（2）引用相关标准的设计、技术和其他文件；

（3）引用文件清单；

（4）标准实施情况检查报告。

标准实施的文件清单见表10-2。

表10-2 标准实施确认文件清单

标准	文件
产品标准	实施报告 批准的技术文件 引用文件清单
一般技术标准	实施报告 企业对标准文件遵守情况的检查报告 企业的科学文件和其他文件
职业安全标准	实施报告 实施情况检查报告
生产技术准备标准	实施报告 批准的技术文件
组织和方法标准	实施报告 实施情况检查报告

第五节　国防产品标准化文件的引用

俄罗斯国防产品标准化文件可以在国家合同（协议）和技术文档中引用。在俄罗斯的法律文件中，允许引用国家军用标准的正式版和《国防产品标准化文件目录》中的信息技术参考书。

在俄罗斯政府、政府机构、国家原子能公司和国家航天公司的法律文件中，如果他们有权规定技术和功能要求，则允许引用国家军用标准和（或者）信息技术参考书，以保证执行法律文件的相关要求。

在法律文件中引用国家军用标准时，需要注明国家军用标准的代号、名称、条款和章节。在法律文件中引用信息技术参考书时，需要注明信息技术参考书的名称和代号以及批准时间。

引用的国家军用标准和信息技术参考书内容，需要附在联邦法律文件之后，这些法律文件是结合俄罗斯有关保密法规限制，按规定程序制定和批准的。

为了确保国防产品标准化工作参与者之间的标准化活动一致，根据俄罗斯国防部制定的规则，由俄罗斯技术法规和计量局负责组织制定、管理和信息保障。

对《国家军用标准目录》的引用将在俄罗斯政府、政府机构、国家原子能公司和国家航天公司的法律文件中注明；除行业标准外，国防产品标准化文件的相关信息已列入《国防产品标准化文件目录》中，引用时需要在国防产品的研发、生产、验收、使用、修理和回收的技术文档中注明。

对于俄罗斯政府、政府机构、国家原子能公司和国家航天公司法规文件中引用的国家军用标准，俄罗斯技术法规和计量局在编制标准变更、计划审查或者废止时，需要至少提前一年通知俄罗斯政府、政府机构和相应的国有企业，告知将对国家军用标准进行审查、变更或者废止的计划措施。

第六节　国防产品标准化文件实施程序的特点小结

俄罗斯十分重视国防产品标准的贯彻实施，从制定阶段即开始考虑标准的实施和应用。从下达标准制定任务书开始，在标准的初稿、征求意见稿、送审稿、报批稿等各个阶段均需要提交《标准实施的主要措施计划》。《标准实施的主要措施计划》是一份单独成文的文件，与标准的各阶段稿、编制说明、意见汇总处理表等一起，提交相应的阶段审查流程。

新制定的国防产品标准需要制定严格的实施计划、实施程序，实施情况需要统计、报告和监督。标准化部门根据《国家军用标准信息目录》、标准化归口单位的建议、合同以及企业部门和军事代表机构的建议，制定企业《标准实施的主要措施计划》。标准实施后，需编制标准实施报告，并填写标准实施统计卡。如果无法实施标准，企业负责人必须向客户提交与军事代表机构和标准化归口单位协调的关于不实施标准的技术结论，以供客户决策。结论草案由负责标准实施的人员编制。在技术结论中要分析不实施的原因以及相关解决建议。

第十一章　俄罗斯国防产品标准化工作的其他事项

第一节　国防产品标准化工作经费

《国防产品标准化条例（N750）》和《国防产品标准化条例（N822）》规定，国防产品标准和联邦产品标准依靠联邦预算资金制定。经费申请方式和资助项目见前文。《国防产品标准化条例（N1567）》颁布后，俄罗斯细化了对国防产品标准化工作的经费规定，国防产品标准化工作经费来源包括3个渠道：

（1）俄罗斯国家规划、联邦专项计划、国家武器计划中按照规定程序确定的专项联邦预算资金；

（2）国家原子能公司、国家航天公司、其他国有企业的自有资金，隶属于上述国有企业的法人资金，国家造船业科研中心的资金，以及规定提供给上述国有企业和国家科研中心、用于履行规定业务领域职责的联邦预算资金；

（3）对承担标准化领域职能、负责在规定职责范围内指导和管理标准化工作的联邦政府机构的预算拨款。

联邦政府机构、国家原子能公司和国家航天公司订购的国防产品标准化项目可包含下列方向：

（1）国防产品标准化文件的制定和审查，对文件进行变更；

（2）国防产品标准化文件的登记；

（3）国防产品标准化规划的制定；

（4）国防产品标准化年度计划的制定；

（5）国防产品标准化文件资源库的建立和管理；

（6）国防产品标准化领域的科研工作。

第二节　俄罗斯行业标准的转换

行业标准转换为企业标准是俄罗斯多年来既定的标准化工作方针。为了实现国防产品标准化条例规定的国防产品标准化目的、任务和原则，俄罗斯允许将国防产品标准化文件中的行业标准文件资源库（部分行业标准资源库或者标准综合体）移交给国有企业、法人联合会和国家造船业科研中心，便于后续建立和管理相关行业数据库，必要时，在不重建的情况下将行业标准转化为企业标准。

基于俄罗斯政府机构、国有企业和法人联合会的建议书，结合标准化归口单位的意见，由俄罗斯工业和贸易部、国防部根据相应的标准化对象决定是否将行业标准资源库（部分行业标准资源库或标准综合体）移交。

移交工作由合法拥有（使用）行业标准资源库（部分行业标准资源库、标准综合体）的国家原子能公司和国家航天公司、其他国有企业、法人联合会和国家造船业科研中心负责将行业标准转化为企业标准，不重建资源库，保留行业标准原有的编号和名称。

俄罗斯技术法规和计量局会同工业和贸易部、国防部一起，结合标准化归口单位的意见，根据相应的标准化对象特点，将行业军用标准、行业标准的军用补充件、军民通用的行业标准和行业标准转化为企业标准。国有企业、法人联合会和国家造船业科研中心对从行业标准转化而来的企业标准进行更新。企业标准的制定、变更、审查和废止，均需要按照通用基础国家军用标准执行。

第三节 保密管理要求

国防产品标准化工作需要符合俄罗斯国家的保密规定，符合《其他限制获取信息保护法》的规定，符合俄罗斯《知识产权保护法》的规定。

俄罗斯要求国防产品的标准化工作需要在遵守联邦法律的前提下开展，相关的法律主要有1993年7月21日第5485-1号联邦法律《国家秘密法》、2004年1月5日第3-1号俄罗斯政府令《关于批准俄罗斯保密制度的条例》和2006年2月11日第90号俄罗斯总统令《关于国家秘密信息文件资料清单》等，符合标准化文件出版工作相关保密制度的规则、条例和规范要求。国防产品标准化文件中需要尽可能减少包含国家秘密的信息和数据。国防产品标准化过程中保密制度要求的个人责任由参与该项工作的企业（组织）负责人承担。国防产品标准化工作行政机构中的军事代表机构，参与国家秘密保护要求和措施的制定及监督工作。

标准化工作规划工作需要按照俄罗斯保护国家秘密方面的法律和制度执行。编制和发布电子版规划和计划时，需要采取必要措施，以确保符合保密制度和发行受限信息的处理程序，避免无关人员获取。标准中应最低限度包含国家秘密信息。保密等级由执行单位和签署文件的负责人确定。不包含国家秘密信息的规划和计划需要标注"供官方使用"的密级标识。在国防产品标准化的工作过程中，履行秘密资料保护要求的个人责任由行政机构的领导承担。执行国防产品标准化工作的企业中的军事代表机构参与制定和监督该项工作中国家秘密的要求和保护措施的执行情况。在制定规划和计划时，编制单位需要根据所含信息的重要性组织开展工作，并按照最小范围的原则吸纳参编单位、征求意见单位和审查单位。

在标准的制定程序上，国防产品标准化工作的实施需要遵守相关法律的规定。在制定使用电子媒体的标准时，需要采取保密和限制发布官方信息管理程序方面的必要措施，以防止无关人员获取相关信息。标准中应最低限度包含国家秘密信息。标准主编单位和签署标准的标准主编单位的负责人，负责正确确定标准的保密等级。国家军用标准以及国防产品标准化的规则和建议，需要有限制标准发布的密级标识，标识级别不得低于"供官方使用"级。在国防产品标准化工作过程中，履行国家秘密信息保护要求的个人责任，由执行该工作的机构负责人承担。国防产品标准化工作行政机构中的俄罗斯国防部军事代表机构（如有），需要参与制定上述工作中保守国家秘密的要求和措施，并监督其执行情况。在制定标准时，主编单位需要根据标准中所含信息的重要性开展工作，并按照最小范围的原则吸纳参编单位、征求意见单位和审查单位。

在标准化文件发行上，需要根据俄罗斯有关法律的规定，为各企业提供包含国家秘密信息的国防产品标准化文件。在制定、保存和使用包含构成国家秘密信息的国防产品标准化文件过程中，由负责这些工作的企业负责人对遵守保密要求情况承担责任。

附录1 部分重要名称翻译对照

序号	俄文全称	中文译文
1	проектный технический комитет по стандартизации	（筹建）标准化技术委员会
2	программа стандартизации (военной продукции)	（军用产品）标准化计划
3	годовой план стандартизации (военной продукции)	（军用产品）标准化年度计划
4	распространение документов по стандартизации оборонной продукции	国防产品标准化文件的发行
5	уполномоченные организации по распространению документов в области стандартнации оборонной продукции уполномоченная организация по распространению ДСОП	国防产品标准化文件授权发行单位
6	проект стандарта	标准草案
7	заказчик стандарта	标准订购单位
8	пользователи стандартов	标准的用户
9	официальное издание стандарта	标准的正式版
10	разработчик стандарта	标准主编单位
11	область стандартизации	标准化（适用）范围（领域）
12	программа стандартизации	标准化规划（规划、计划）
13	объект стандартизации	标准化对象
14	базовая организация по стандартизации	标准化基层单位

续表

序号	俄文全称	中文译文
15	технический комитет по стандартизации	标准化技术委员会
16	головная организация по стандартизации	标准化归口单位
17	уполномоченный орган по стандартизации （служба стандартизации）ФОИВ	标准化授权机构（联邦政府机构标准化部门）
18	Информационный указатель стандартов	标准信息目录
19	издательско-полиграфический комплекс	出版印刷联合企业
20	абонентное обслуживание	订阅服务
21	абонент	订阅单位
22	военное представительство Минобороны России	俄罗斯国防部军事代表机构
23	Единый классификатор предметов снабжения	供应品统一编目法
24	Планирование работ Стандартизациио боронной продукции	国防产品标准化工作规划
25	оборонная продукция	国防产品
26	Классификатор стандартов наую продукцию	国防产品标准分类法
27	стандартизация оборонной продукции	国防产品标准化
28	правила по стандартизации и каталогизации оборонной продукции	国防产品标准化分类规则
29	рекомендации по стандартизации и каталогизации оборонной продукции	国防产品标准化分类建议
30	головная организация по стандартизации оборонной продукции	国防产品标准化归口单位
31	документ по стандартизации оборонной продукции документ по стандартизации ОП	国防产品标准化文件
32	распространение документов по стандартизации оборонной продукции	国防产品标准化文件的发行

续表

序号	俄文全称	中文译文
33	сводный перечень документов по стандартизации оборонной продукции	国防产品标准化文件目录
34	изменения сводного перечня документов по стандартизации оборонной продукции	国防产品标准化文件目录的更新
35	уполномоченная организация по распространению ДСОП	国防产品标准化文件授权发行单位
36	информационный фонд документов по стандартизации оборонной продукции	国防产品标准化文件信息资源
37	система стандартизации оборонной продукции	国防产品标准化体系
38	информационный центр стандартизации оборонной продукции	国防产品标准化信息中心
39	Положение об Информационном центре стандартизации оборонной продукции	国防产品标准化信息中心条例
40	правила стандартизации оборонной продукции	国防产品标准化规则
41	Типовое положение о Головной организации по стандартизации оборонной продукции	示范性国防产品标准化归口单位制度
42	стандарт с едиными требованиями для оборонной и народно-хозяйственной продукции	军民通用标准
43	государственный оборонный заказ	国防订单
44	государственный заказчик государственного оборонного заказа	国防订购单位
45	межгосударственный военный стандарт	国家间军用标准
46	государственный военный стандарт	国家军用标准
47	Указатель государственных военных стандартов	国家军用标准目录
48	Информационный указатель государственных военных стандартов	国家军用标准信息目录

193

续表

序号	俄文全称	中文译文
49	основополагающий государственный военный стандарт	国家军用标准中的通用基础标准
50	основополагающий национальный стандарт	主要民用标准
51	процессы	过程
52	отраслевой стандарт	行业标准
53	отраслевой военный стандарт	行业军用标准
54	техническое задание	技术任务书（规格说明书）
55	технические условия	技术条件
56	военная продукция	军用产品
57	программа стандартизации военной продукции	（军用产品）标准化规划
58	годовой план стандартизации военной продукции	（军用产品）标准化年度计划
59	научно-технический совет	科学技术理事会（委员会）
60	научно-исследовательская работа	科研工作
61	научно-исследовательские и опытно-конструкторские работы	科研和试验工作
62	издательско-полиграфический комплекс Росстандарта	技术法规和计量局出版印刷联合企业
63	федеральный орган исполнительной власти	政府行政机构（部门）
64	стандарт организации	企业标准
65	обязательное требование	强制性要求
66	конструкторская документация	设计文件
67	внедрение документа по стандартизации оборонной продукции	实施（贯彻）国防产品标准化文件
68	предложение-заявка	建议书
69	общие технические условия	通用技术条件

续表

序号	俄文全称	中文译文
70	общие технические требования	通用技术要求
71	нормативно-технические документы системы общих технических требований	通用技术要求体系中的规范性文件
72	национальный стандарт ограниченного распространения	限制发行的国家标准
73	информационное обеспечение	信息保障
74	перечень организаций, имеющих право на получение документов по стандартизации оборонной продукции ограниченного распространения	有权接收限制发行的国防产品标准化文件的企业目录
75	стандарт военного положения	战时标准
76	дополнение к стандарту на период военного положения	战时补充件
77	стандарт военного положения	战时军用标准
78	тактико-техническое задание	技术任务书
79	актуализация фонда	资源更新
80	составная часть	组成部分
81	организационно-технические мероприятия	组织技术措施
82	Экз.№	份号
83	Государственная корпорация по космической деятельности "Роскосмос"	俄罗斯国家航天公司

附录2 术语和定义[21]

附录2.1 一般概念

国防产品标准化系统：国防产品标准化工作参与者、国防产品标准化文件以及国防产品标准化工作实施规范的统一体。

标准化年度计划（军用产品）：根据标准化计划和有关单位建议书编写的当前军用产品标准化工作计划文件，其中包含编写文件的名称、文件的编写阶段和周期、编制单位的名称以及这些工作定制单位的名称。

建议书：国防产品按规定格式编写的、载有将国防标准化文件的制定或更新工作纳入军工产品标准化计划的合理建议的文件。

标准化规划（军用产品）：军用产品标准化工作的长远规划文件，其中包含标准化对象的产品分组、现行军用产品标准化文件以及按指定标准化对象对军用产品标准化文件实施编写或更新的相关信息、工作的日完工周期以及潜在的执行单位和订购单位。

备注：该计划分为组织方法性问题或通用技术问题标准化计划；产品分类或产品要求分类标准化计划。如有必要，可以编写工艺流程、设备、工装和工具以及其他标准化对象的标准化计划。

国防产品的标准化：确定国防产品技术要求、验收方法和可重复使用的技术方案的活动，旨在确保国防产品达到规定的质量要求，实现国防产品研制、生产、使用和再利用的规整化。

附录2.2 国防产品标准化工作参与单位

标准订购单位：国家定制机构授权签署标准编写或更新工作合同且可确认标准编写或更新任务书的单位。

国防产品标准化归口单位：由国家主管机构授权的机构，旨在实施科学方法指导，规划标准化工作，保存行业标准化文件原件、副本和案卷，按照国防产品类型或者所有国防订购工作参与单位的需求对国防产品标准化文件实施信息保障和发行。

标准化基层单位（国防产品）：国防产品标准化归口单位的授权机构，旨在根据指定的产品编号保存国防产品行业标准化文件原件或原件副本和案卷本，并为有关单位提供这些文件的官方版本。

国防产品标准化信息中心：俄罗斯国防部授权的管理机构或组织，旨在组织规划国防产品标准化工作、组织国防产品标准化文件发行和信息保障、组织国防产品标准化工作参与单位对国家标准体系进行维护，编制和管理《国防产品标准化文件目录》。

附录2.3 国防产品标准化文件

国防产品标准化文件：标准化文件，有关信息包含在《国家军用标准目录》或《国防产品标准化文件目录》中。

国家间军用标准：国家间机构或国家间标准化组织授权采用的标准，该标准规定了军用产品要求和军用产品研发、生产、建造、安装、使用、维修、储存、运输、销售、回收利用和报废过程的要求。

国家军用标准：俄罗斯技术法规和计量局采用或批准的标准，规定了军用产品要求和军用产品研发、生产、建造、安装、使用、维修、储存、运输、销售、回收利用和报废过程的要求。

行业军用标准：2003年7月1日前由联邦政府机构在其职责范围内采用或批准的标准，规定了军用产品要求和军用产品研发、生产、建造、安装、使用、维修、储存、运输、销售、回收利用和报废过程的要求。

军用补充件：授权采用或批准相关标准的机构采用的标准化文件，用于使用国防产品相关文件时对国家间标准、国家标准或行业标准的要求做补充。

战时标准：由俄罗斯技术法规和计量局或联邦政府机构在其职责范围内采用或批准的标准，该标准制定了战时对国防产品的要求以及国防产品研发、生产、操作、维修、储存、运输、销售、回收利用、报废以及按特殊指示投用的原则和规范。

标准的战时补充件：由授权机构采用或批准的标准化文件，其中包括了对国家标准、国家军用标准、行业标准或行业军用标准的补充要求，补充要求旨在提高战时军用产品的生产能力。

附录2.4 军民通用标准

限制发行类国家标准：俄罗斯技术法规和计量局批准的标准，该标准确定了对国防订购单位以外提供的产品、工作和服务的要求，为保护国家秘密构成资料或者根据俄罗斯法律需保护的其他可构成国家秘密的限制获取信息而使用的产品、工作和服务要求，以及（或者）上述产品研发、生产、施工、安装、运行、维修、保存、运输、销售、再利用和报废流程的要求，该标准同时包含构成国家秘密的资料和（或者）属于根据俄罗斯法律需保护的限制获取信息。

行业标准：2003年7月1日前由联邦政府机构在其职责范围内采用或批准的标准，该标准规定了具有同类需求或功能性用途的特定类型产品、工作和服务及其设计、生产、建造、安装、调试、使用、储存、运输、销售、处置和报废的要求。

国防产品标准分类：俄罗斯国防部批准的国防产品标准化文件，该文件规定了国防产品标准化文件标记、分类和编码，创建目录、选择清单和图书资料，以及国防产品标准化文件数据库时所用的分类代码和名称。

武器和军事装备通用技术条件：俄罗斯国防部批准的标准化文件，该文件规定了武器和军事装备系统、配套产品、样机的总体战术技术指标要求和检验方法。

标准类别：以授权机构采用或批准程序为条件的标准特性。例如，国防产品标准化系统中采用以下类别的标准：国家间标准、国家标准、行业标准以及企业标准。

标准制定任务书：标准订购单位批准的原始技术文件，其中规定了标准编写的目的和任务、标准内容的组成和范围，以及编写的期限。

附录2.5　信息保障

信息保障：提供关于国防产品标准化文件组成的相关信息以及个别文件内容或者组成的变更信息，同时要考虑到俄罗斯法律在国家秘密或者事务机密构成资料方面规定的限制条件。

国防产品标准化文件的信息库：联邦政府机构采纳的国防产品标准化文件组织发行综合体，同时也是联邦信息源。

国防产品标准化文件目录：俄罗斯国防部编写的文件，旨在为国防订购单位和国防订购单位执行单位提供国防产品标准化文件的相关信息，以及将目录中包含的文件引入国防产品标准化领域。

国家军用标准目录：俄罗斯技术法规和计量局编写的文件，旨在为国防订购单位以及国防订购单位执行单位提供技术法规和计量局采用或批准的国防产品标准化文件的相关信息。

国防产品标准化文件目录的变更：俄罗斯国防部编写的文件，旨在为国防订购单位以及国防订购单位的执行单位等提供一定时期内采用、删除和确认标准化文件目录的资料。

国家军用标准目录的变更：俄罗斯技术法规和计量局编写的文件，旨在为国防订购单位以及国防订购单位执行单位提供一定时期内采用、删除和确认国家军用标准目录文件的相关资料。

出版印刷联合企业：由俄罗斯技术法规和计量局授权的组织，该组织负责出版和发行国家间军用标准、国家军用标准及其战时补充件、战时国家标准、军民通用的国家间标准和国家标准及其补充文件、标准化规则和建议，以及这些文件的变更函。

订阅单位：有权接收限制发行类国防产品标准化文件的组织。

《订阅单位目录》：一份载有订阅人名称、订阅人详细信息和从事与使用国家秘密构成信息有关工作，以及在武器和军事装备领域开展活动许可证有效期的文件。

订阅服务：向组织提供国防产品标准化文件，并根据订阅人统计和订阅服务合同在一定时间内提供该领域的信息服务。

国防产品标准化文件的发行：在考虑俄罗斯法律对国家秘密或职务机密信息规定限制条件的情况下，提供有偿或无偿永久使用的官方版本国防产品标准化文件。

国防产品标准化文件授权发行单位：由国防订购单位授权在其责任范围内发行国防产品标准化文件的组织。

参考文献

[1] 俄罗斯联邦标准化、计量与合格评定科学技术信息中心. 国家军用标准. 国防产品术语和定义. ГОСТ РВ 0101-003-2018[S]. 莫斯科：国防产品标准化信息中心，2020：5-6.

[2] 俄罗斯联邦委员会. 国防订单法[S/OL].（2020-07-31）[2022-04-22]. http://www.ivo.garant.ru/document/redirect/70291336/0.

[3] 中国航空综合技术研究所. 俄罗斯军用标准化85周年[R]. 军用标准化快讯，2013（80）：38.

[4] 俄罗斯联邦政府. 俄罗斯国防产品标准化条例（N750）[S/OL].（2005-12-08）[2020-10-23]. http://www.pravo.gov.ru/proxy/ips/?docbody=&nd=102103396&rdk=0.

[5] 俄罗斯联邦政府. 俄罗斯国防产品标准化条例（N822）[S/OL].（2009-10-17）[2020-08-20]. http://www.docs.cndt.ru/document/902181523.

[6] 俄罗斯联邦政府. 俄罗斯国防产品标准化条例（N1567）[S/OL].（2016-06-22）[2020-10-23]. http://www.docs.cntd.ru/document/420284277.

[7] 国家标准化管理委员会. 国外标准化法规选编[M]. 北京：中国标准出版社，2005.

[8] 俄罗斯联邦委员会. 俄罗斯标准化联邦法[S/OL].（2016-12-30）[2021-07-23]. http://www.duma.consulatant.ru/documents/3711461

[9] 刘青青，等. 美国英国德国日本和俄罗斯标准化概论[M]. 北京：中国质检出版社，2012.

[10] 中国航空综合技术研究所. 俄罗斯2020年国家标准化体系发展纲要

[R].军用标准化快讯,2013(80):38.

[11] 国家标准委.全球标准化战略解析[R].2020:179.

[12] 俄罗斯联邦委员会.俄罗斯技术法规法[S/OL].(2017-07-29)[2022-09-06].http://www.pravo.gov.ru.N0001201707300035.

[13] 俄罗斯政府.俄罗斯国防产品标准化条例修正案(N1927)[S/OL].(2020-11-25)[2024-03-12].http://www.consulatant.ru/documents/cons_doc_LAW_369296.

[14] 中国航空综合技术研究所.俄罗斯国防产品标准化[R].军用标准化快讯,2013(80):20.

[15] 俄罗斯联邦标准化、计量与合格评定科学技术信息中心.国家军用标准.国防产品标准化体系基本规定.ГОСТ РВ 0001-001-2015[S].莫斯科:国防产品标准化信息中心,2015:9.

[16] 质量技术监督行业职业技术技能鉴定指导中心.质量技术监督[M].2版.北京:中国质检出版社,2014.

[17] 俄罗斯联邦技术法规和计量局标准化、计量与合格评定科学技术信息中心.国家军用标准.国防产品的标准化规划基本规定.ГОСТ РВ 0001-002-2006[S].莫斯科:国防产品标准化信息中心,2006:2.

[18] 俄罗斯联邦标准化、计量与合格评定科学技术信息中心.国家军用标准.国家军用标准制定、采用、更新和废止的基本规定.ГОСТ РВ 0001-003-2015[S].莫斯科:国防产品标准化信息中心,2015:27.

[19] 俄罗斯联邦标准化、计量与合格评定科学技术信息中心.国家军用标准.国防产品标准信息保障和发行程序 ГОСТ РВ 0001-004-2006[S].莫斯科:国防产品标准化信息中心,2006:6.4

[20] 俄罗斯联邦标准化、计量与合格评定科学技术信息中心.国家军用标准.国防产品标准实施程序.ГОСТ РВ 0001-005-2006[S].莫斯科:国防产品标准化信息中心,2006:2-7.

[21] 俄罗斯联邦标准化、计量与合格评定科学技术信息中心.国家军用标准.国防产品标准化术语和定义.ГОСТ РВ 0001-006-2015[S].莫斯科:国防产品标准化信息中心,2015:3-5.